林育真简介

1937年生，山东师范大学教授，研究生导师，多年担任动物学硕士研究生点专业负责人，长期从事动物生态学及动物地理学的教学与研究。个人撰写、译著及参编出版图书26部，在国内外发表论文52篇。曾通过国家级德语达标考试（GPT），得到国家教育部、德国学术交流中心（DAAD）及德方大学的资助，多次公派赴德国实施并完成多项国际合作研究课题，部分研究获省级奖励。一贯热心科普工作，致力于科普创作，获山东省第二届优秀科普书及科普短文两项一等奖。曾先后被国务院及民盟中央表彰为全国先进工作者。现为中国科普作协会员，山东省青少年科普专家团成员。

- 我的科普图书馆 -

海中之王——鲨鱼

林育真　闫冬春　著

山东教育出版社
·济南·

图书在版编目（CIP）数据

我的科普图书馆 / 林育真，许士国，闫冬春著 . — 济南：山东教育出版社，2023.3
ISBN 978-7-5701-2520-3

Ⅰ . ①我… Ⅱ . ①林… ②许… ③闫… Ⅲ . ①动物学–少儿读物 Ⅳ . ① Q95-49

中国国家版本馆 CIP 数据核字（2023）第 047276 号

WO DE KEPU TUSHUGUAN
我的科谱图书馆
林育真　许士国　闫冬春　著

主管单位：山东出版传媒股份有限公司
出版发行：山东教育出版社
地址：济南市市中区二环南路 2066 号 4 区 1 号　邮编：250003
电话：（0531）82092660　网址：www.sjs.com.cn
印　刷：山东新华印务有限公司
版　次：2023 年 3 月第 1 版
印　次：2023 年 3 月第 1 次印刷
开　本：710 mm × 1000 mm　1/16
印　张：22.5
字　数：440 千
定　价：120.00 元（全 3 册）

（如印装质量有问题，请与印刷厂联系调换）印厂电话：0538-6119313

前　言

鲨鱼全球有名，几乎无人不知，因为鲨鱼家族中“精英”辈出、震惊世界。例如：全球体形最大的鱼；世界上最大的掠食鱼；水世界中游得最快、潜得最深、跃出水面最高的鱼；最具攻击性、连人类都敢吃的鱼；还有长相奇特、行为诡秘的怪鱼……凡此种种，都能在鲨鱼家族中遇到或找到。这样的动物自然值得人们去研究，这些鲨鱼当然也就成为本书着力介绍的主要角色。

鲨鱼具有什么样的奇特结构和神奇能力，使得它们成为“海中之王”？许多鲨鱼不仅体形巨大、力量惊人，还配备满嘴的尖牙利齿，全身皮肤也长满锐利的鳞片。鲨鱼的感觉器官异常灵敏：嗅觉、味觉、触觉、视觉以及听觉都十分出色，甚至还具有令人称奇的“第六感”，能追踪猎物发出的电子信号，即使在黑暗无光的深海也能精准地追踪和捕食猎物。因此，海洋中几乎所有的鱼类都害怕鲨鱼。

对于这类既危险又诡异的特殊软骨鱼类，长期以来，人类也曾十分惧怕。在科技和信息尚不够发达的时代，鲨鱼伤人的偶发事件形成各种传说，足以让人误以为自然界中的大鲨鱼都是穷凶极恶、吃人成性的！

实际上，除了大白鲨、牛鲨等少数种类以外，绝大多数鲨鱼对人类并无攻击性，巨大凶猛的鲨鱼也并不是邪恶的“怪物”，而是适应性很强的海洋掠食动物。要是人类不去侵入或误入它们的活动区域，鲨鱼和人类是可以和平共处的。

自从人类有了先进的捕鲨装备和技术，人鲨关系就发生了变化，不再是人怕鲨，而是鲨怕人；加之鲨鱼全身是宝，具有极高的经济利用价值，数十年来，贪婪的人们向鲨鱼无度地索取，大量捕杀鲨鱼。时至今日，人类给鲨鱼带来的灾难，大大超过鲨鱼对人类的伤害。无论多么凶猛的鲨鱼，现今都不是人类的对手，由于乱捕滥杀，某些种类的鲨鱼数量剧减，濒临灭绝；就连威名盖世的大白鲨，也已成为世界濒危物种。

有鉴于此，科学家一再警示人们：虽然鲨鱼提供的物质财富是可以替代的，但鲨鱼在生态系统中的地位和作用是无可取代的；鲨鱼是海洋的顶级捕食者，是海洋水域中不能缺少的重要而关键的物种。要是鲨鱼灭绝的话，将会给整个海洋生态系统乃至地球生物圈带来不可估量的恶果。世界不能没有鲨鱼。

为了更好地了解和保护鲨鱼，国际上一些大学和海洋动物研究机构，借助先进的科技新方法，联合制订研究项目，共同致力于对鲨鱼的研究。通过多年来各方面的努力，鲨鱼亟需保护终于逐渐成为共识，多国实施了鲨鱼管理计划，遵从人与自然和谐发展的原则，切实保护鲨鱼。人鲨共存的理念正在日益深入人心。

本书能够与读者见面，首先要衷心感谢为本书提供参考资料的作者及部分原图的绘制者和摄影者；感谢山东教育出版社的积极支持和出版安排。尽管著作者努力遵循科普创作的原则要求，在书稿的科学性、知识性及趣味性方面下了功夫：广泛选材，构建体系，精心打造，反复加工。但限于本身的知识积累和创作水平，难免有缺点和不足之处，欢迎读者批评指正。

林育真

2022.12

CONTENTS

目录

一、鱼类中的王者 1

二、灵敏异常的感觉器官 24

三、鲨鱼世界奥秘多多 37

四、类型多样的鲨鱼家族 60

一 鱼类中的王者

鲨鱼家族赫赫有名，几乎无人不知。为什么？因为鲨鱼家族中“精英”辈出，震惊世界。例如：全球体形最大的鱼；世界上最大的掠食者；水世界中游得最快、潜得最深、跃出水面最高的鱼；有的鲨类即使在暗无天日的深海也能精准地捕食；真正武装到牙齿的鱼；最具攻击性连人类都敢吃的鱼；长相极为奇特就像外星来客的怪鱼……凡此种种，我们都能在鲨鱼家族中找到。

这样的鱼类家族，无需加封，自然高居于“王者”的宝座，值得人们去研究、去探索。

1. 古老凶猛的鱼类——鲨鱼

鲨鱼是一类古老的动物，在距今4亿年前的海洋中已经出现了最古老的鲨鱼，也就是说，鲨鱼的出现比恐龙还早1.75亿年。恐龙早已灭绝，而鲨鱼至今还繁衍不息。当地球的陆地上还没有任何陆生动物时，第一批鲨鱼已经在世界的大洋中“称王称霸”了（图1）。

图1 起源古老的鲨鱼，世代相传生活至今，依然是海中之王！

说鲨鱼是古老的鱼类，还因为一些现在生活的鲨鱼和远古生存过的鲨鱼很相像，甚至就连和恐龙同时代的原始鲨鱼，外形看起来也很像现代鲨鱼。这也就是说，亿万年以来鲨鱼体形改变很少，从远古鲨鱼出现在地球上，它们就已经具备了良好的防护和捕食能力，它们的生存能力极强，并没有随岁月变迁和为了生存而改变自己的身体结构。它们代代相传，时至今日，其外形并没有多大变化，大体上还保留原有的形态特征。这是鲨类最引人注意和值得探索的特点。

在恐龙出现在地球上之前，鲨鱼早已存世，经过漫长的进化，鲨鱼已经居于鱼类金字塔的顶端，海洋中所有鱼类，几乎都害怕鲨鱼。

鲨鱼是史前时期以来极少数少有变化的动物，也是地球上最古老的动物类群之一。谁要是认真观察过一条鲨鱼，都会说，它简直就是“活化石”。

2. 骨骼全由软骨构成

地球现存大多数鱼类中，骨骼系统部分或者全部骨化成硬骨质，骨架由硬骨组成，人们称它们为硬骨鱼类，例如我们熟悉的鲤鱼、带鱼、黄花鱼、三文鱼等。

与硬骨鱼类不同，鲨鱼骨骼成分为软骨质，就是像人耳朵和鼻骨一样的软骨。鲨鱼身上没有硬骨，整个骨架全部由软骨和结缔组织构成。不过，鲨鱼的骨骼不全是柔软的，它们的脊椎骨里含有起加固作用的矿物质，因此非常坚韧，能经得起肌肉的拉扯。鲨鱼局部骨骼可能钙化，但绝无骨化现象。因此，鲨鱼属于地道的软骨鱼类（图2）。

图2 鲨鱼全身骨架都是软骨，重要部位的软骨有部分钙化现象；鲨鱼鳍为角质，基部有小块软骨加固。

软骨鱼类的软骨是一种弹性和韧性很好的材料，比硬骨鱼类的硬骨轻而且更易于弯曲。全身软骨质有助于水中生活的鲨鱼吸收冲击力，还能帮助上浮，从而游得更快也更灵活。

鲨鱼的近亲鳐鱼同样属于软骨鱼类。

3. 大小悬殊，体形多样

鲨鱼的种类繁多，已知历史上曾出现过2 000多种，现存424种（不含鳐类）。

长期以来人们惧怕鲨鱼，主要是因为鲨类家族中有许多体形硕大的“巨无霸”。实际上，生活在史前海洋中的“巨齿鲨”才是头号的海洋之王，它体形最大，凶猛强悍，就连当时生活在海洋里的恐龙和鲸也不是它的对手。

要想追溯已经绝灭的古老鲨鱼的原貌并非易事，因为鲨鱼是软骨鱼类，死亡后很难留下化石。经过了许多研究者耐心地寻找和发掘，这才发现大量像手掌一样大小的牙齿和一些钙化的脊椎骨化石。专家据此推算已灭绝鲨鱼物种的大小，并复原制作成史前巨齿鲨的模型（图3）。

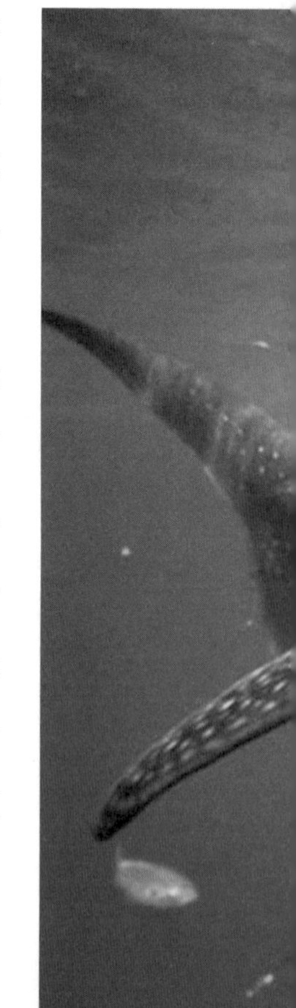

不同种类鲨鱼身体大小相差悬殊。已发掘的最大巨齿鲨化石体长达16米。研究者依据化石材料科学测算，确定远古最大巨齿鲨可能长达20米。鲸鲨被公认为当今海洋中最大的鲨鱼，也是目前世界上最大的鱼类。已知最大的鲸鲨体长接近18米，体积比一辆双层公交车还大（图4）。现今世界第二大鲨鱼是姥鲨，已知最大的个体长12米多。全球闻名的大白鲨排名第三，最大的体长约7米。相比于千百万年前的巨齿鲨，现存鲨鱼的体形小多了。但比起人类来，这

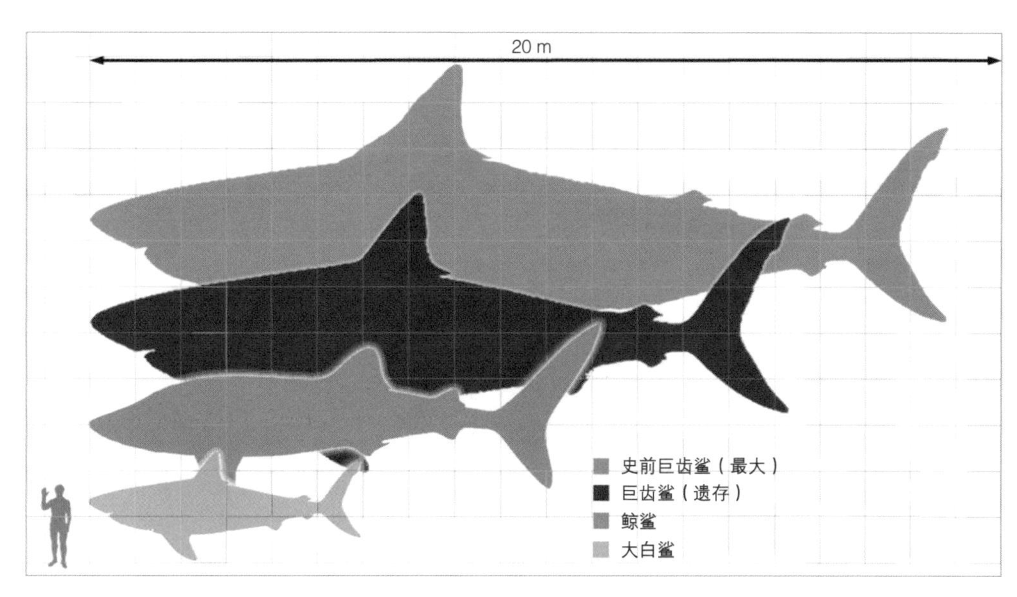

图3 史前巨齿鲨、巨齿鲨（遗存）、鲸鲨、大白鲨和人类体形大小的比较。

图4 现今最大的鱼类——鲸鲨，大嘴宽达1.5米，却只吃微小的浮游生物，它身边的大小鱼儿放心地游来游去。

图5 成年宽尾小角鲨重量不到500 克。人们很容易用手就拿住它。它们主要吃磷虾和小鱼苗。

些鲨类都是庞然大物。

当然，也不是所有鲨鱼都很巨大，在已知鲨鱼中，半数以上种类长度不足1米。小斑点鲨约90厘米长；硬背侏儒鲨仅有25厘米长，相当于成年人一只脚的长度。世界上已发现最小的鲨鱼是宽尾小角鲨，雌成年鲨体长只有21厘米，雄鲨更小。因为宽尾小角鲨既小又生活在海洋深水水域，直到20世纪初才首次被人捕到，其特大的眼睛是对弱光环境的适应（图5）。

鲨鱼的外形奇特，躯体大多呈流线型。鲨鱼头部下方是它的大嘴，嘴中长着锋利的牙齿；吻部（向前突出的口、唇部）形状随种类不同而有所不同，有的尖而长，有的大而圆，有的扁平（图6）。

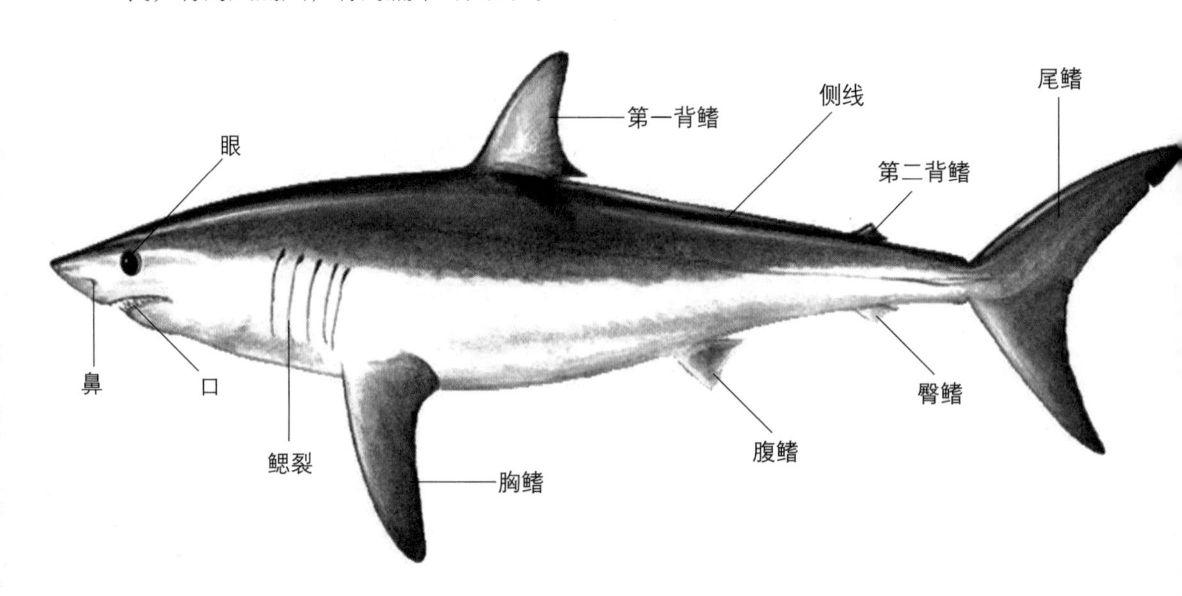

图6 具有代表性的鲨鱼外形图。

鲨鱼身体坚硬，肌肉发达，体形呈不同程度的纺锤形。当然，不要认为所有鲨鱼的体形都是纺锤形的，颜色都是灰色的。鲨鱼体形多样化，有流线型、鱼雷形、短圆形、长圆形，也有扁平状的……许多种类的鲨鱼背部体色是灰蓝色的，但也有白色的、粉红色的、青色或棕色的鲨鱼，有的鲨类身上有彩色条纹，也有的身上带闪亮斑点等（图7）。

虽然不同鲨鱼长相不一样，但是它们大多具有尖牙利齿，这算是它们的常规武器。此外，有的鲨鱼身体某一部分变成凶悍异常的超级武器，使得它们的外貌明显与众不同，显得特别威猛。有些种类怪异的头型或奇特的尾巴令人过目难忘。例如，世界上尾巴最长的鲨类——长尾鲨，其超长的尾鳍能当作武器使用，猛甩起来能够打晕猎物，摆动长尾能将猎物驱赶到一起；双髻鲨（即锤头鲨）头部平扁，向两侧扩展形成锤头状突出，形状如同古时

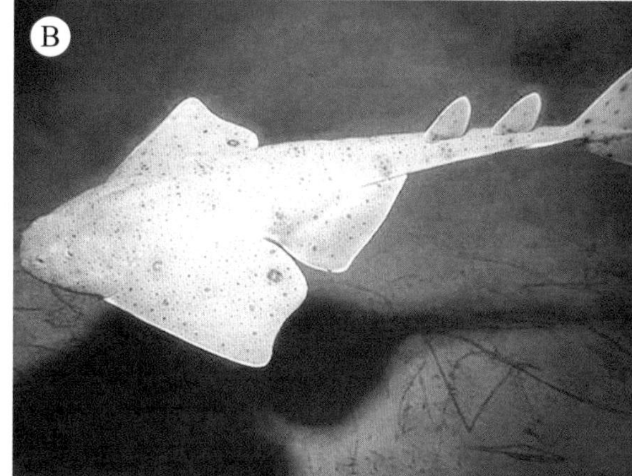

图7 几种不同体形的鲨鱼：（A）流线型的黑鳍礁鲨；（B）扁平型的扁鲨；（C）全身斑点的豹纹鲨；（D）长圆鳗形的皱鳃鲨。

图8 (A)长尾鲨的长尾如同皮鞭，能抽能打；(B)双髻鲨头型怪异，头部具有多种功能。

仕女的发髻，因此得名“双髻鲨”（图8）。

图9 剑吻鲨的剑状突内有一套灵敏的电感器系统，帮助它在黑暗的海洋深处寻找猎物。

有些鲨类吻部或鼻部极端变形，如尖吻鲨吻部尖长，锐利如剑。有人认为，头上这把“短剑”可能妨碍捕食的灵活性；实际上，这个奇特的结构对深海生活的尖吻鲨是非常有用的（图9）。

又如生活在海底的锯鲨，吻部很长，突出前伸如同一把双面长锯，这把骨板“锯”两侧排列着尖锐的“锯齿”，成为一件特制“武器”，当它在水里左右挥舞时，逃避不及的鱼儿就会死于它的“锯”下（图10）。

图10 锯鲨吻部演化为可攻击猎物的“长锯”，在锯板中部还生有一对细长而灵敏的触须，用来探测躲藏在海底泥沙里的猎物。

以上实例说明，鲨鱼的头部、尾部或身体某一部位的特殊形态结构，都具有某种特殊功能，它们不是多余的装饰品，而是动物在自然界里生存竞争的有力武器。

4. 全身皮肤长满“牙齿”

硬骨鱼类体外长着扁平而光滑的鳞片。相反，鲨鱼的皮肤粗糙，因为鲨鱼皮肤表面覆盖有一层细小的“牙齿”似的鳞片，就是动物学上所谓的“楯鳞”（图11）。

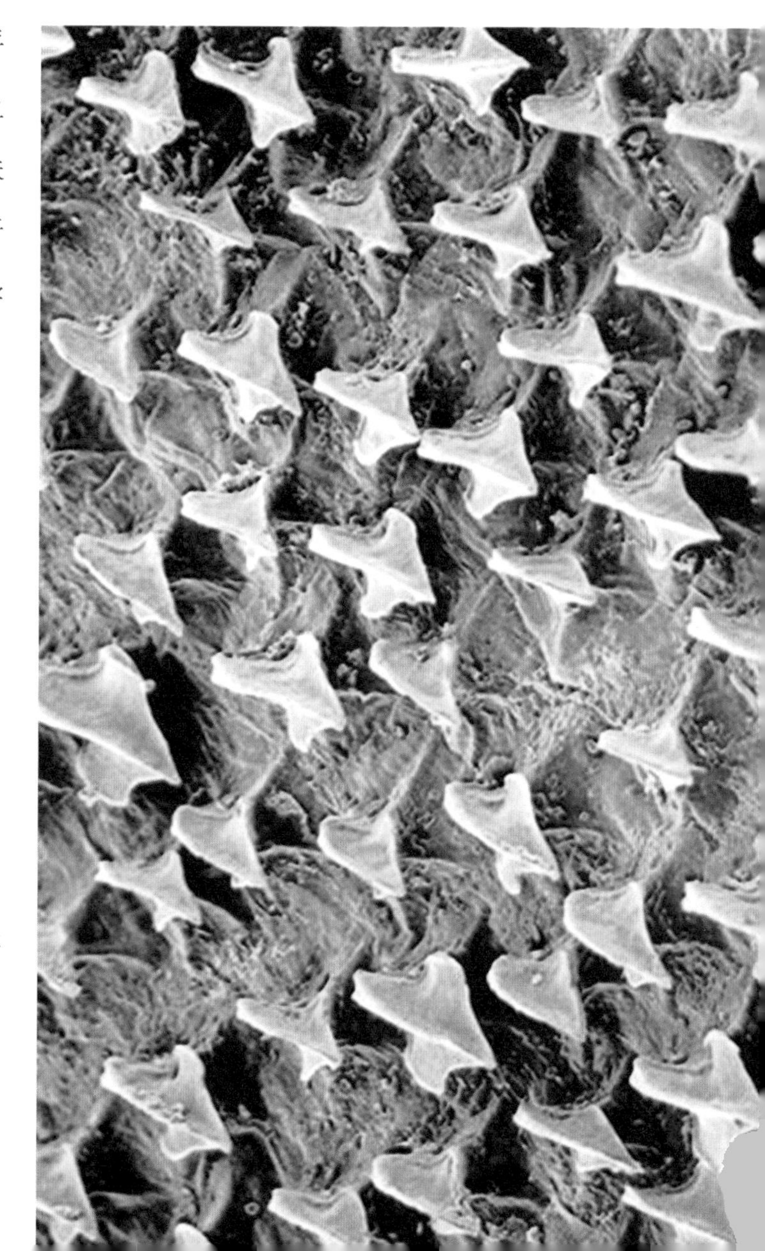

图11 鲨鱼皮肤上的楯鳞，大体呈对角线排列。

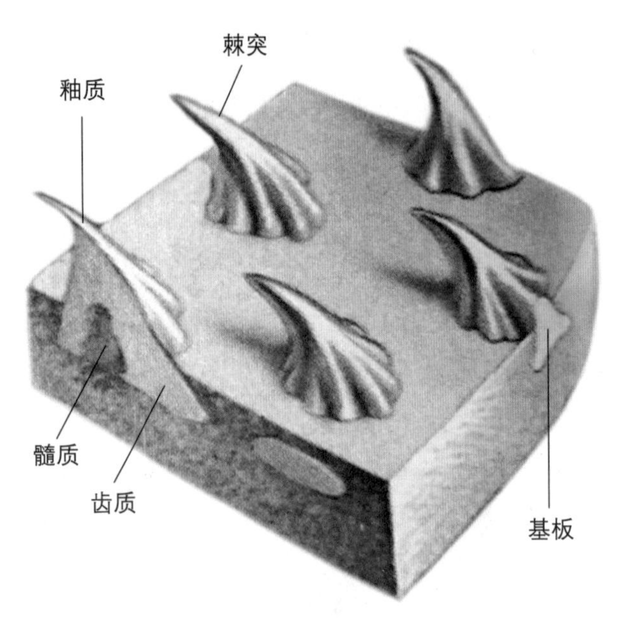

图12 楯鳞结构示意图。由图中切面可看出，一粒楯鳞从里到外由髓质、齿质及釉质构成，结构如同牙齿。

楯鳞是软骨鱼类特有的鳞片，由棘突和基板两部分组成，基板埋于真皮里面，棘突向体后突出于皮肤之外。楯鳞结构与牙齿的构造相似，内部是髓腔，外面包有齿质及釉质。因此，鱼类学家又称楯鳞为“皮肤小齿”。这些皮肤小齿使鲨鱼皮摸起来像砂纸一样，不小心的话，还可能被刮伤（图12）。

楯鳞除了保护鱼体免受伤害或阻挡某些生物寄生之外，还可以减少水流对鱼体的阻力，使鲨鱼游得更快。前些年游泳运动员配穿鲨鱼装泳衣曾经风靡一时，原因就在于此。

查看一条鱼的皮肤上有无楯鳞，这也是判断是否是鲨鱼的特征之一。

5. 呼吸问题怎样解决?

鲨鱼和硬骨鱼一样也在水中呼吸，它们通过将海水吸入口中然后从鳃部排出的方法来进行气体交换，因此，鲨鱼的呼吸方式叫作鳃呼吸。人类用肺呼吸。鲨鱼鳃的功能和人肺的功能是相似的，作用都是取得氧气并输送入血液中。

鲨鱼通过鳃片上的鳃丝，将溶于海水中的氧气留住并输往循环系统；同时排出二氧化碳等废气。有些鲨鱼必须张开和关闭嘴巴来泵入海水，而有些鲨鱼只要张着嘴游泳，就能通过半开的口吸入富含氧气的海水，然后水从鳃裂流出带走二氧化碳，循环往复，完成气体交换。鲨鱼的呼吸作用就是这样进行的（图13）。

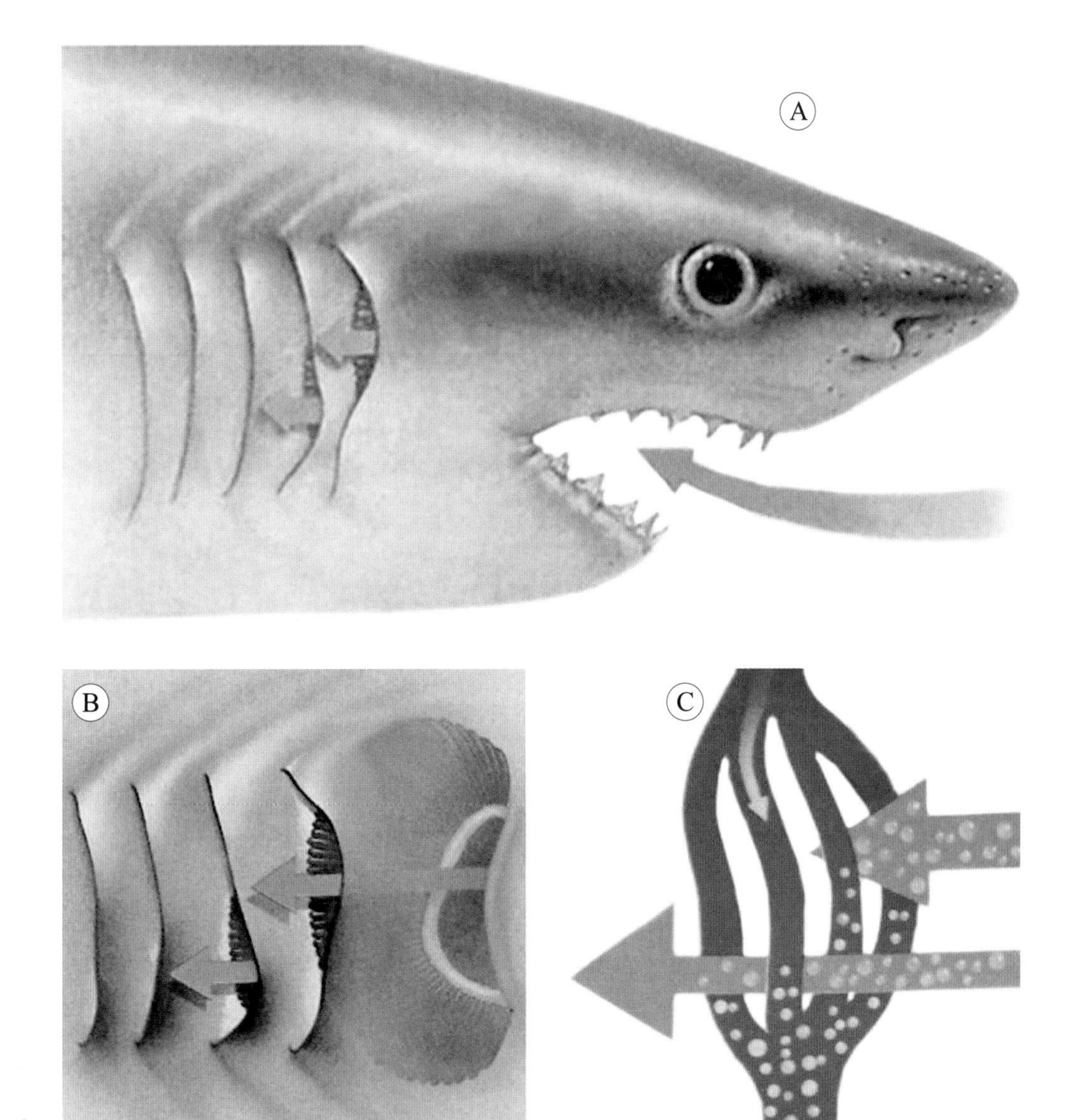

图13 鲨鱼吸收水中氧气的过程：（A）鲨鱼用嘴吸进海水；（B）海水流经鳃部，经过鳃丝的许多小血管；（C）海水所含氧气渗透进鲨鱼血液里。

鲨鱼具有5～7对鳃裂。大多数种类有5对鳃裂，少数种类有6～7对鳃裂。鳃裂通常位于鲨鱼头部和胸鳍之间。与硬骨鱼类相反，鲨鱼的鳃裂全都没有鳃盖，各自开口于体外。鲨鱼两鳃瓣之间的鳃间隔特别发达，甚至与体表相连，形成宽大的板状，故鲨类又称为“板鳃类”。具有“板鳃”也是鲨鱼的标志特征之一。

鲨鱼每个鳃都有两个开口，通往体外的开口就是鳃裂；另一个开口在鲨鱼的嘴巴里，称为鳃孔。有时候被鲨鱼整条吞进嘴里的小鱼，可能幸运地通过鳃孔经由鳃裂而逃生。

以前许多人认为，鲨鱼一定要游动才能呼吸。科学家通过观察发现，其实并非全都如此。有的鲨鱼，如白尖礁鲨，可以在海底或珊瑚礁盘上停留好长时间不游动，照样呼吸得很好。

有些底栖鲨鱼，如扁鲨，习惯利用位于头部上方眼睛后面的小孔（喷水孔）来吸入海水，然后将海水从鳃裂排出，进行呼吸作用。这是特殊情况，这样可以防止鳃部被海底的沙子堵住。

6. 无鳔照样浮沉自如

大多数硬骨鱼类体内有“鳔”，鳔里的气体使它们不活动时能够悬停在水中。如果鳔里充满空气，它们就可以上升到水面；要是准备下沉，它们便释放出鳔里的空气。有鳔的鱼类调节鳔内空气的分量，就可调控鱼体上升、下降或停留在水层中不动。

鲨鱼体内没有鳔来控制浮沉，而鲨鱼身体密度比水稍大，也就是说，如果鲨鱼要保持身体不下沉，必须不停地向前游动；如果停止游动，鲨鱼本身的体重将使其沉到水底（图14）。

无鳔的鲨鱼靠什么调节自己在水中的升降？它们是怎样做到浮沉自如的呢？原来，鲨鱼采用了与硬骨鱼不同的方法悬浮在水中。鲨鱼调节沉浮主要靠身体的结构：较轻的软骨骨胳、像飞机机翼的胸鳍以及流线型的身体，只要轻轻地向前游动，就产生向前的推力；鲨鱼通过调控胸鳍可向上游动或向下沉降。再者，鱼类身体的密度主要由肝脏储藏的油脂量来决定，鲨鱼肝脏含有大量油脂，可增大鱼体在水中的浮力。

图14 体内无鳔的鲨鱼照样在水中浮沉自如，优哉游哉。

在许多种类的鲨鱼体内肝脏是最大的器官，肝脏含有大量肝油足以帮助鱼体上浮。因此，鲨鱼可以依靠肝脏来调节沉浮、保持身体平衡。例如巨大的鲸鲨，就是依靠肝脏里存储的大量肝油，帮助鱼体上浮的（图15）。

图15 大型鲨鱼的肝脏比一个成年人大好几倍，几乎占全身质量的25%。鲨肝与鲨鱼身体的比例比硬骨鱼的大得多。

7. 遨游水域要靠鱼鳍

鲨鱼活动极为灵敏，这主要归功于它们的体形和鳍。最大和最小的鲨鱼都不是行动最快的鱼，游速最快这项荣誉属于大白鲨、尖吻鲭鲨（又称灰鲭鲨）和鼠鲨，它们的体形像鱼雷或呈流线型。

鲨鱼有2对偶鳍：胸鳍和腹鳍；有3种奇鳍：背鳍、臀鳍和尾鳍。鲨鱼胸鳍如同飞机机翼，水流流过胸鳍，帮助鱼体抬起前半身，胸鳍还掌管游动方向；成对的胸鳍和腹鳍掌管身体的稳定，腹鳍协助胸鳍起制动作用；背鳍维持直立平衡，防止身体翻转；臀鳍协调身体的平衡；尾鳍是前进动力，左右摆动推动鱼体前行。

能够快速游动的鲨鱼都长着窄扁的月牙状尾鳍，它可减少海水阻力，增加游速。鲨鱼鳍的平衡与协调作用及尾鳍的形状，使得它们游泳的姿态十分优美，对提速、减速、快游或慢游都得心应手（图16）。

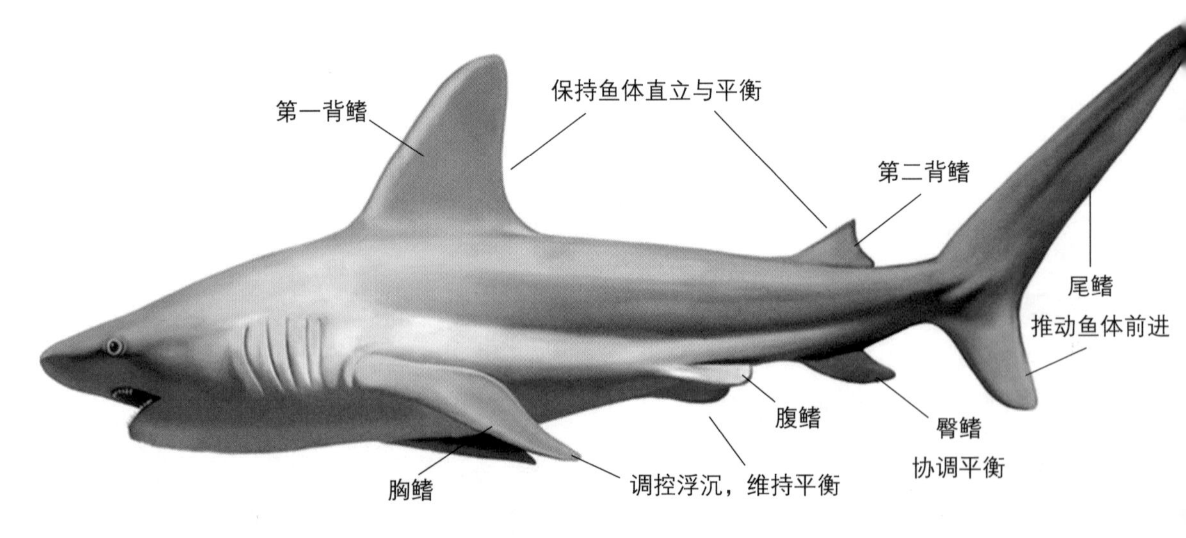

图16 依靠鱼鳍的配合与协调，鲨鱼才能灵活、快速地游动。失去背鳍鱼体会侧翻；失去胸鳍和腹鳍鱼体会左右摇晃；失去尾鳍鱼不能前进。

鲨鱼的鳍比较厚，不具有硬骨鱼类那样的鳍条，它们的鳍条是角质的。人们平时所说的“鱼翅”指的就是鲨鱼的鳍。割掉鱼鳍后，鱼不能游动，等于杀死鲨鱼。

各种鲨鱼鱼鳍着生的位置、形状和大小各不相同，栖息环境和生活条件决定鲨鱼的行动方式，也就影响鱼鳍的形态特征。

尾鳍是鲨鱼游泳的推进器，其形状至关重要。例如宽纹虎鲨生活在沿岸浅海或礁石周围，主要捕食甲壳类、贝类及海星、海胆等底栖无脊椎动物，它们用小旗一样的尾鳍，在海底缓缓游动，就能获得食物。它们的尾上方有一个很大的圆形突出物，可让虎鲨在捕猎扭身转动时产生极大的爆发力（图17A）。在大洋上层捕食生活的尖吻鲭鲨（又称灰鲭鲨），标准的月牙状尾鳍标志着它们属于快速游泳的鲨类，能比快速逃窜的猎物游得更快，从而追上猎物（图17B）。底栖生活的扁鲨、角鲨和锯鲨经常趴伏海底，它们没有臀鳍。

图17 两种尾鳍比较：（A）宽纹虎鲨的尾鳍；（B）尖吻鲭鲨的月牙形尾鳍。

图18 （A）尖吻鲭鲨有一副游泳健将的好身材，它是大洋迁徙性鲨类，能快速追上受捕鱼群。（B）依仗超高的启动速度，它能轻松跃出水面高达6米。

大多数硬骨鱼类游泳时必须弯曲整个身体，而鲨鱼游泳的推动力几乎全部来自尾鳍，只要摆动尾部即可前进。多数鲨类游泳速度快，通常平均每小时行进8千米，当捕食和发动攻击时，速度可达每小时19千米。尖吻鲭鲨是鲨类中游速最快的，也是所有鱼类中速度最快者之一，爆发速度可高达每小时89千米。凭借惊人的游速，它们还能高高地跃出水面（图18）。

大白鲨的游速也相当可观。它和尖吻鲭鲨一样，都稳居快速游泳者前列，两者也是鱼类中罕见的能够保持温血的特殊类型。保持较高的体温有助于肌肉更好地发挥作用，从而加快游速。

8. 武装到牙齿的鲨鱼

牙齿是鲨鱼的另一独特结构。鲨鱼极强的生存能力很大程度上是靠牙齿，其凶恶残暴也与牙齿息息相关。凡是见到过鲨鱼的人都知道，鲨鱼的牙齿像一把把尖刀，不仅锋利无比，而且咬力超常，能轻而易举地咬断手指般粗的电缆。

曾有人把金属咬力器藏在鱼饵中，用来实测一条体长2.5米鲨鱼的咬力，检测得知，其咬食压力竟然高达每平方厘米3 000千克，这太惊人了；要知道，一个成年人的咬力只有每平方厘米80千克。由此可见，有关轮船推进器被鲨鱼咬弯、船体被鲨鱼咬破的报道，也就不足为奇了（图19）。

图19 （A）大白鲨上下颌牙齿形状不同，下颌牙尖锐锋利，便于抓取猎物；上颌牙呈三角形，边缘有锯齿，利于撕裂和切割猎物。（B）剑吻鲨是深海鲨类，密集锋利的锥状牙齿适于捕捉并咬紧猎物。

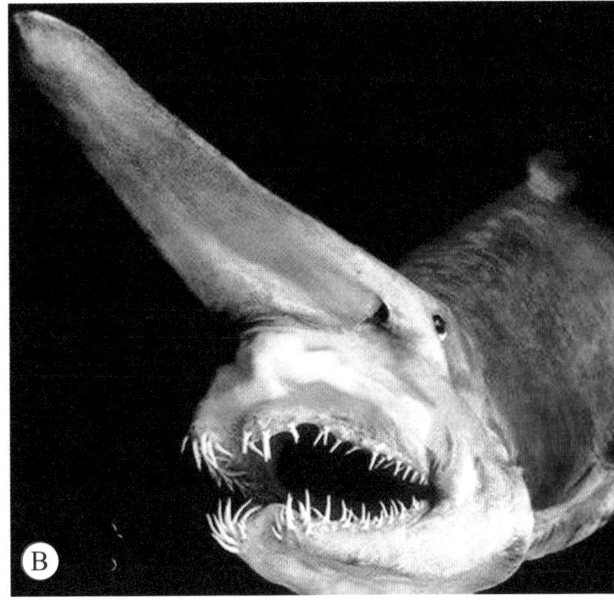

不同种类鲨鱼牙齿的多少、大小、形状和功能是有明显差别的。同一种鲨鱼牙齿的上下牙和前后牙也有差别，这与它们适应捕食、撕咬或磨碎多种不同猎获物密切有关。因此，鱼类学家能够依据鲨鱼牙齿判别它们的种属。例如大白鲨的牙齿呈三角形，边缘有细锯齿；大青鲨的牙齿大而尖利；鲸鲨的牙齿短细如针；姥鲨的牙齿多而细小似米粒；锥齿鲨的牙齿呈长而尖的锥状；长尾鲨的牙齿则是扁平的；虎鲨有些牙齿宽大呈臼状（图20）。

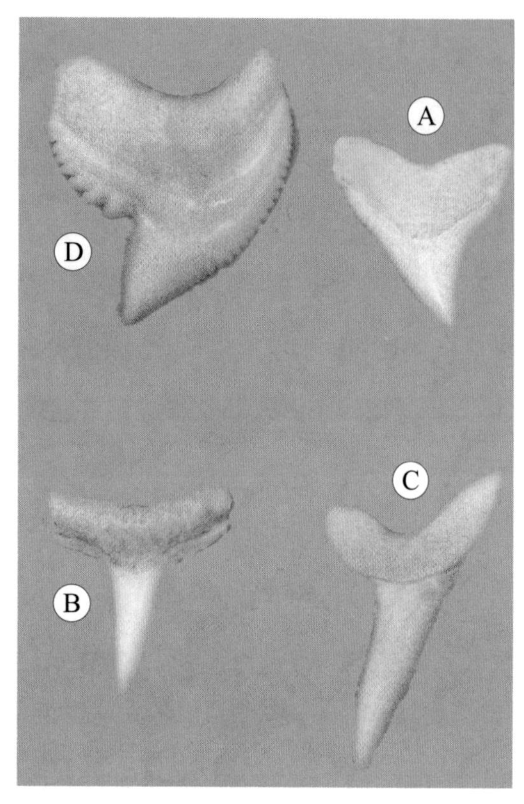

图20 几种常见鲨鱼牙齿的形状：（A）灰鲭鲨的牙齿；（B）柠檬鲨的牙齿；（C）角鲨的牙齿；（D）虎鲨的部分牙齿。

鲨牙里面是牙肉，周围包覆牙质，最外面是珐琅质（釉质）。由此可见，鲨鱼嘴里的牙齿和皮肤上楯鳞的结构一样，和人的牙齿结构也基本相似（图21）。

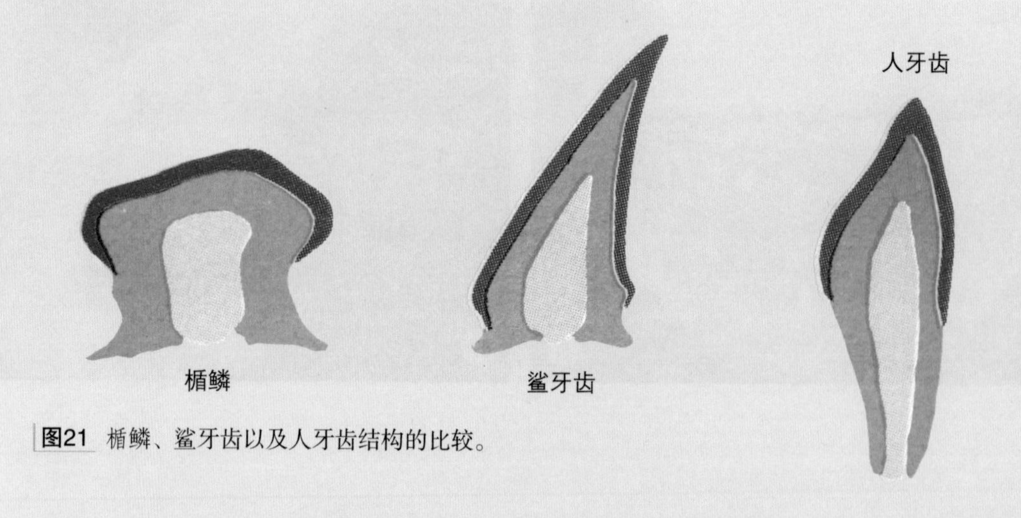

图21 楯鳞、鲨牙齿以及人牙齿结构的比较。

多数种类鲨鱼的牙齿排列呈锯齿状，既能紧紧咬住猎物，也能有效地将猎物撕开。当然，各种鲨鱼牙齿的形状与它们长期捕食的猎物的性质密切有关：以螺贝类和甲壳类为食的鲨鱼，例如护士鲨，牙齿又大又平，便于碾碎甲壳类坚硬的外壳；又如虎鲨前端的牙齿锋利，向后钩着，能够抓牢猎物光滑的身体，后边牙齿圆臼形，能嚼碎坚硬的猎物；以鱼类为食的剑吻鲨，牙齿尖长，便于牢牢咬住滑溜的猎物；以海兽等大型猎物为食的大白鲨，有着锯刀般的利齿；而以浮游动物为食的鲸鲨及姥鲨，牙齿很小，不再具有撕咬的功能，它们虽然体形庞大，却完全靠滤食极小的浮游生物生活，但它们的嘴里依然有数以千计的细小牙齿，这些牙齿的作用，至今还是一个令研究人员感兴趣的问题。

体形庞大的巨齿鲨和大白鲨，相应具有令人触目惊心的巨大牙齿（图22）。

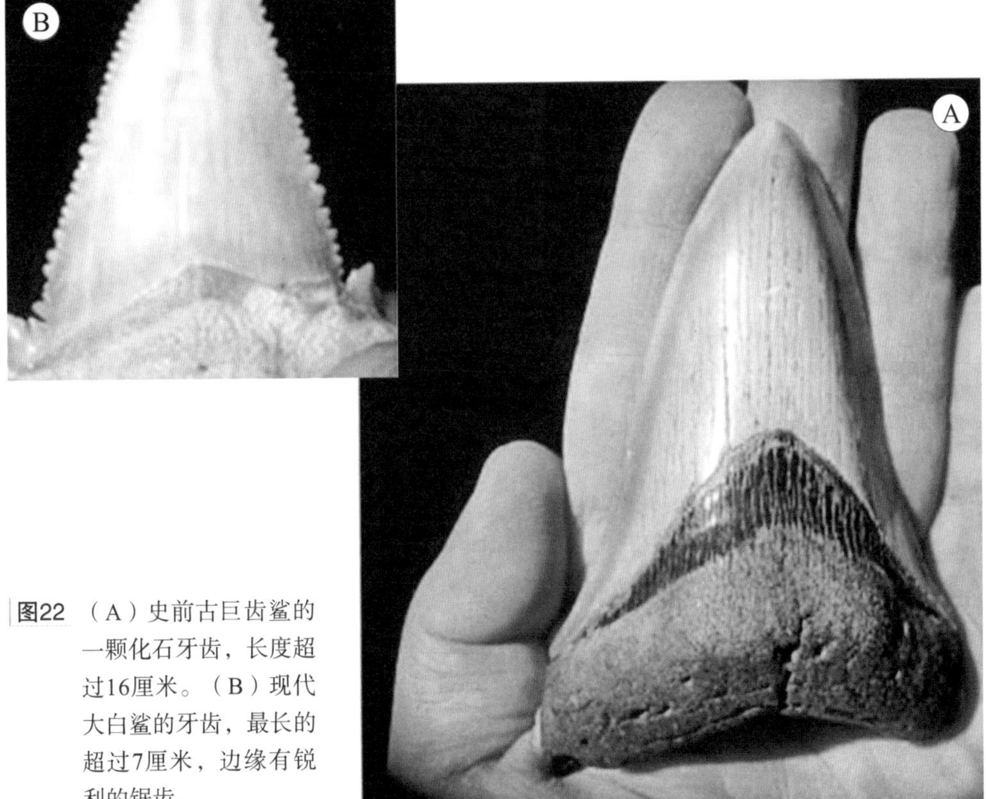

图22　（A）史前古巨齿鲨的一颗化石牙齿，长度超过16厘米。（B）现代大白鲨的牙齿，最长的超过7厘米，边缘有锐利的锯齿。

9. 一生换牙数以万计

鲨牙的生长位置和人齿不同，是嵌在牙龈里而不是固定在颚骨上的。由于鲨鱼用牙捕食和进食，需要猛咬和啃噬坚硬的东西，因此，牙齿常会脱落或损毁。

令人惊奇不已的是，鲨鱼的牙齿不像其他动物那样为恒久耐用的一排，而是有6排以上的牙齿。其中，最前一排是当时真正顶用的“竖立”着的实用牙，其余几排则是“仰卧”着的备用齿。如果前排牙齿脱落，后面的牙齿会向前移动并竖立起来，以补足脱落的牙（图23）。

图23 在灰鲭鲨的大嘴里，可以看到上、下颌外缘一圈实用牙和里面的几排备用齿。实用牙竖立张开，备用齿朝里卧着。

图24 灰鲭鲨的颌骨上长满向里钩的尖牙利齿，谁见了都会信服：牙齿确是鲨鱼成为“海中之王”的必要条件。

不同种类鲨鱼牙齿的结构、数量、形状、排列及更换方式各有特点，而所有鲨鱼在生长过程中，新牙不断取代旧牙，较小的牙不断更换为较大的牙。因此，随着年龄的增长，鲨鱼的样子也变得越来越凶恶（图24）。

各种鲨鱼牙齿都是可更换的。有些种类每年替换数千颗牙。有人统计，一条大型鲨一生中可能要更换数以万计的牙齿。有人实际考证，一种大型鲨鱼在10年中竟更换了2万多颗牙齿（图25、图26）。

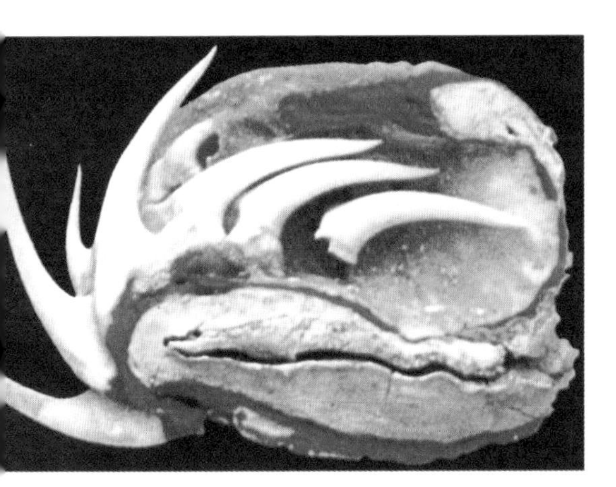

图25 灰鲭鲨下颌的一个横切面，由此可以清楚地看到，它们口中的牙齿至少有6排，有备无患啊！

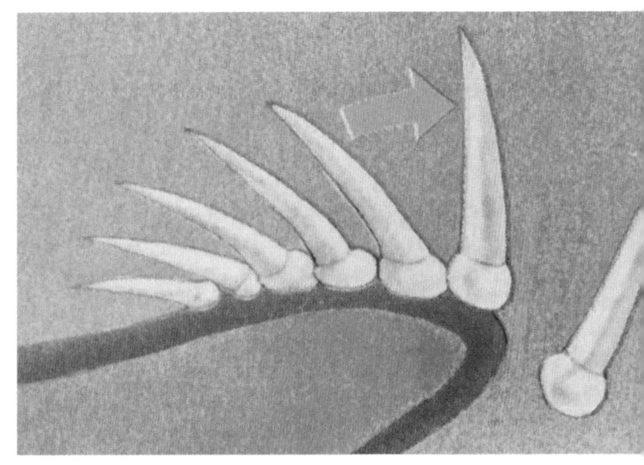

图26 鲨鱼备用牙及其替换脱落牙示意图。

不同种类鲨鱼牙齿替换情况不尽相同，有的新牙在24小时就能“就位”，有的需要8~10天甚至更长时间才能长好。大多数鲨鱼一次替换几颗牙，也有少数种类例如角鲨，整排牙齿同时替换。

10. 别把鲸鱼错当鲨鱼

鲸鱼名字里带个“鱼”字，这是早先人们认知错误造成的，这种误会主要因为鲸鱼和鲨鱼同样生活在水里，而且体形大多也是适于游泳的鱼雷型或流线型，粗略一看有点“雷同”。

鲸和鲨形态上近似，这是由于它们都长期生活在水环境中，因而产生对游泳生活的“趋同适应”。换句话说，就是环境造就动物，什么样的环境就有什么样的生物（图27）。

图27 粗略看，鲨和鲸体形近似。但仔细看，它们其实有明显区别：（A）鲨有鳃裂，有背鳍、胸鳍、腹鳍和尾鳍，尾鳍与海平面呈垂直状；（B）鲸无鳃裂，前肢鳍状，后肢退化，尾鳍与海平面呈水平状。

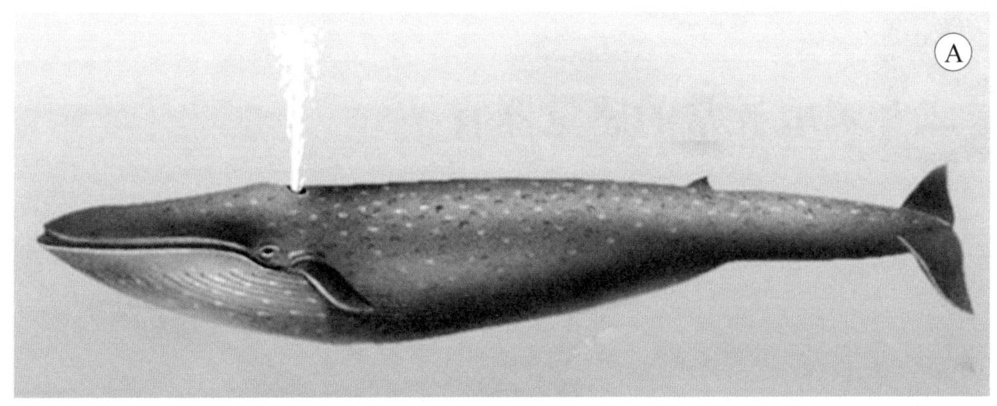

图28 （A）航海的人见到海面上有庞然大物喷出水柱，便断定这是鲸类。因为鲸用肺呼吸，必须按时游到水面换气。鲸的鼻孔在头顶，呼气喷出的湿热水汽在头部上方凝结成喷泉状水柱。（B）鲨用鳃呼吸，在水中或到水面都不会因呼吸而喷出水柱。

随着对鲸类认识的全面和深入，人们知道，鲸鱼是和陆地上的虎、豹等野兽同类的海兽（也有少数淡水鲸），它们同属于哺乳类。因此，属于哺乳类的鲸鱼和属于软骨鱼类的鲨鱼血缘关系很远，身体结构完全不同。但由于“鲸鱼”的名字早就使用，已经家喻户晓，人们也就将错就错沿用至今。

鲸类与大多数哺乳类一样，胎生并以乳汁哺育幼仔；鲨类多数卵胎生，少数卵生或胎生。鲸用肺呼吸，鲨用鳃呼吸（图28）。鲸是温血动物，而鲨鱼的体温随环境温度变化而变化，只有少数温血性鲨类例外。

可见，鲸与鲨是根本不同的两类动物，千万别把鲸鱼错当成鲨鱼。

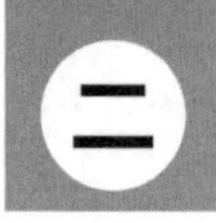

灵敏异常的感觉器官

鲨鱼能够长久生存和发展，重要原因之一在于它们的感觉器官非常灵敏。鲨鱼的嗅觉、味觉、触觉、视觉以及听觉都十分出色，甚至还能追踪猎物发出的电子信号。世界上只有少数动物，能够像鲨鱼那样不用太费力就能发现和捕获猎物，即使在浑浊或完全黑暗的水中，鲨鱼也知道猎物在哪里；鲨鱼还知道，猎物是否受伤；它们甚至能够找到那些身体埋藏在泥沙里的动物。敏锐的感官帮助鲨鱼捕食及逃避敌害。

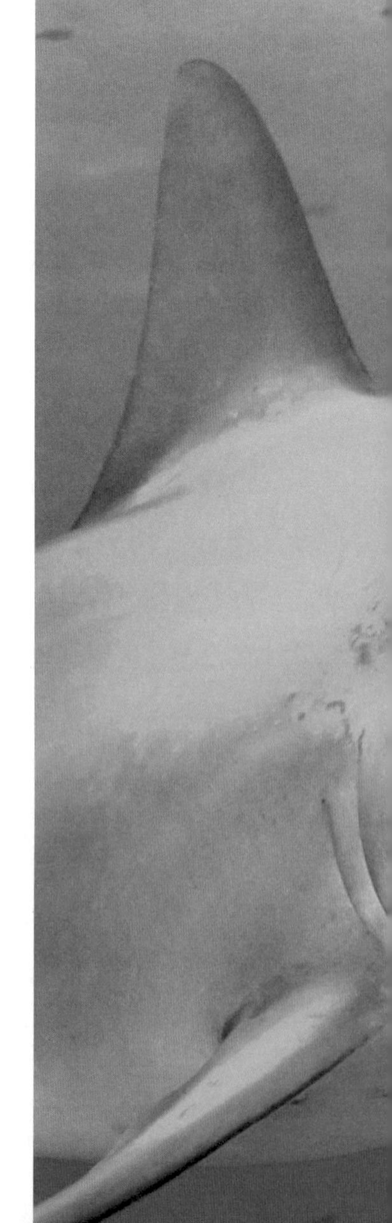

图29 双髻鲨的头部左右两边的锤头状突起，两侧各有一只眼和一个鼻孔。双眼相距约1米，是动物界两眼相距最远的奇鱼。

11. 鲨鱼眼睛有何特点？

多数鲨鱼的两眼长在头部两侧，几乎可以看到各个方位的光线。有些栖居海底的鲨鱼，眼睛长在头部背面。双髻鲨两眼所在位置十分奇特，分别位于其锤头状脑袋的两端（图29）。

图30 （A）目露凶光、炯炯有神的沙虎鲨的眼睛；（B）鲨眼有眼睑（眼皮）保护，能够张开和关闭。

鲨鱼的眼球结构独特，能把外来光线经反射后双倍投射到视网膜上，因此，它们能够捕捉到微弱的光线，所以鲨鱼在昏暗环境中视力非常出色，比人类在暗处的视力要好10倍，这意味着鲨鱼在晨曦和黄昏时也能捕食。就水下视力来说，鲨鱼眼睛比人眼管用得多（图30A）。

在明亮的白天，鲨鱼的视力也非常好。鲨和人类一样瞳孔可以随光线强弱而扩大或缩小，即靠虹膜的张开或闭合调控进入眼睛的光量。这在大多数硬骨鱼类中是很少见的。鲨鱼虽然待在水里，但同样能分辨不同阴影的亮度。有些鲨类还能分辨颜色，也有些鲨类是色盲。

鲨鱼眼睛的另一特点是，眼球外面除了有通常的上、下眼睑以外，还有可以盖住和保护整只眼睛的特别的第三眼睑。例如大青鲨和柠檬鲨，它们在攻击猎物、游过海藻丛或珊瑚礁时会关闭上第三眼睑，以防眼睛被剐蹭而受伤（图30B）。大白鲨没有第三眼睑，当它攻击猎物时，会向内转动眼球以保护眼睛的重要部位。而硬骨鱼类根本没有任何眼睑，因此眼不能关闭。

12. 鲨鱼嗅觉最为灵敏

鲨鱼头部两侧的鼻子是它的嗅觉器官。鲨鱼的鼻子并不是用来呼吸的，而是专门用来闻嗅气味的，也就是化学感受器。鲨鱼游动时，海水流经鼻孔，鼻孔里面的嗅觉褶皱能把水中的化学物质（分子）吸附于表面，经嗅神经传递给大脑，鲨鱼便知道发出气味的是哪种动物，是否有它喜爱的“美味”（图31）。

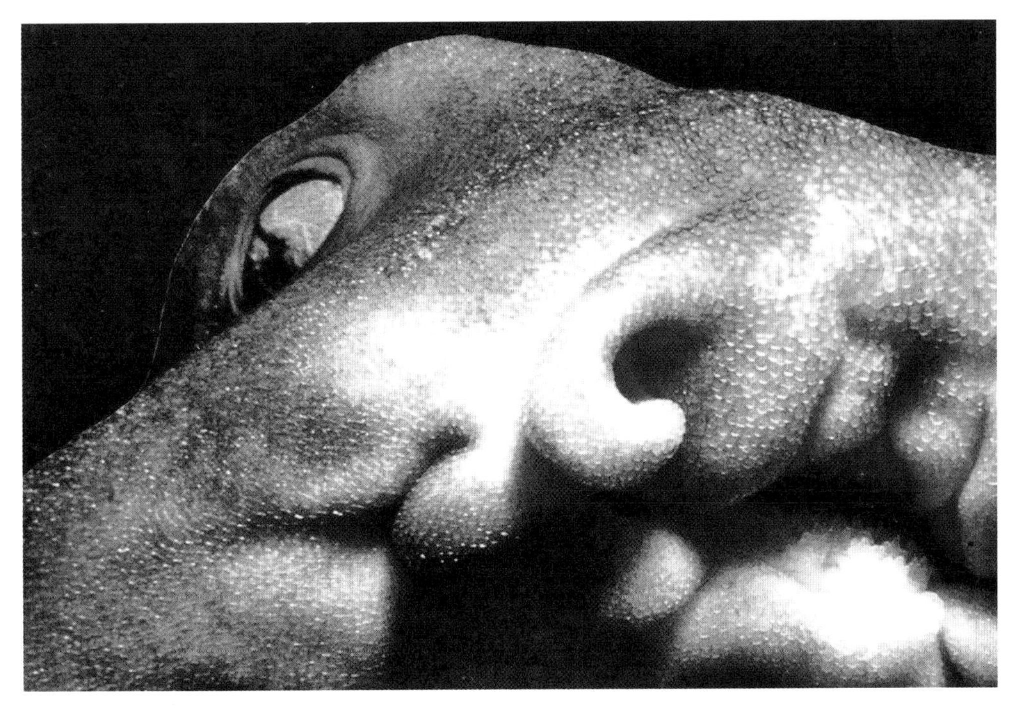

图31 鲨鱼的鼻孔里嗅觉褶皱面积大，使它们成为世界上嗅觉最灵敏的动物。嗅觉器官是鲨鱼用来寻找食物的重要感觉器官。

图32 鲨鱼的鼻子对水中气味非常敏感，对血腥味尤其敏感。海中动物（包括人类）一旦受伤出血，鲨鱼很快能寻味追踪而至，并发起致命攻击。

在鲨鱼的各种感觉器官中以嗅觉最敏锐。据测定，体长1米的鲨鱼，其鼻腔中密布嗅觉神经末梢的面积可达0.48平方米。一条长5～7米的大白鲨，其灵敏的嗅觉能够嗅到千米远处受伤的海洋动物或人的血腥味。鲨鱼只要活动头部，就能够知道气味来自哪个方向（图32）！

伤病的鱼类不合常规的游弋所发出的低频振动或少量出血，都可能被鲨鱼察觉到。鲨鱼能够嗅出水中极为稀薄的血腥气味。日本科学家研究发现，在1万吨海

水中即使溶入1克氨基酸，鲨鱼也能循着气味聚集过来。礁鲨仅需几秒钟，便能够嗅到千米以外受伤金枪鱼的血腥味，并立即追踪而至。有些种类鲨鱼性成熟以后，即使远在大洋里，也能沿着痕迹气味找到它们的繁育地。难怪希腊人把鲨鱼称为“海中狼犬”。研究者认为，鲨鱼的嗅觉灵敏程度甚至超过狗。

鲨鱼极为灵敏的嗅觉，既能嗅到猎捕对象的气味，也非常容易嗅出它们厌恶或害怕的气味。它们能分辨各种气味，用来寻找猎物、追求配偶、照管幼仔以及区别敌友。原来，鲨鱼大脑的嗅觉中枢特别发达，这就是它们能够在海洋中嗅到远距离极其微弱气味的基础条件（图33）。

鲨鱼在海底休息时也不使用头部下方的鼻孔呼吸，而是通过吸入口内流经鳃裂的海水，提供源源不断的氧气供应。如果用鼻孔呼吸，吸入的将是沙子而不是海水。

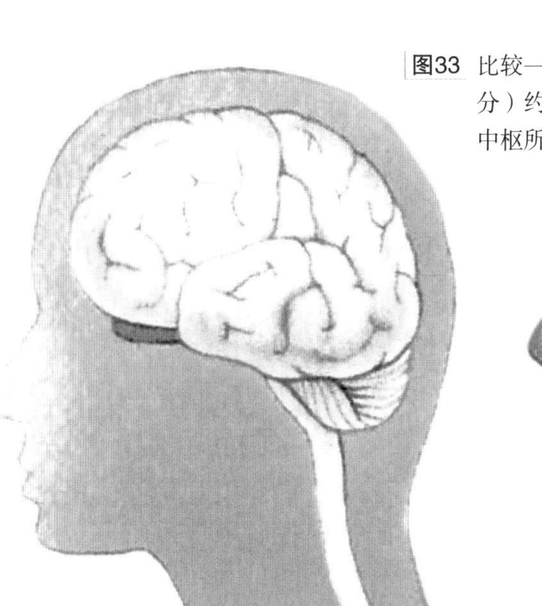

图33 比较一下：鲨鱼的嗅觉中枢（红色部分）约占大脑的2 / 3，而人类的嗅觉中枢所占比例则小得多。

13. 敏感的味觉与触觉

鲨鱼靠嗅觉能闻到远处的气味，但要真正知道猎物的味道，还得尝一口。鲨鱼口腔和食道中有许多味觉细胞，因此鲨鱼的味觉很灵敏。它们对食物是敏感和挑剔的，能通过味觉判断被咬到的猎物是否可口，它们对于腐烂、不适口的食物是不感兴趣的，有时可能咬一口便丢弃不吃。偶有游泳者或冲浪者遭到鲨鱼咬伤而未遭死难，大多都是由于鲨鱼松口不吃，才得以生还。

有些鲨鱼长在嘴边敏感的触须，起到味觉和触觉的作用（图34）。

斑纹须鲨、竹鲨、铰口鲨（俗称护士鲨）等的嘴边都有很管用的敏感触须，触须上的味觉神经末梢，能够品尝出猎物的味道。有的鲨鱼拥有令人难以置信的触觉。在鲨鱼身边游动的任何动物，它们都能感觉到。鲨鱼的触觉主要依靠皮肤表层下面的神经末梢网。

图34 斑纹须鲨是中大型底栖性鲨类，常趴伏于珊瑚礁附近海底，它嘴巴周围的触须可用来探查躲藏在沙底下的猎物。

14. 奇怪声音和鲨鱼耳朵

声音在水里比在陆地更易于传播。虽然鲨鱼自身一般不发出声响，但海洋里到处都有奇怪的声音：鲸鱼的歌唱声，虾、蟹的噼啪声，大鱼咬断、撕碎猎物的嘎吱嘎吱声。鲨鱼有良好的听觉，能听到远至250米处的声音，如捕猎对象游动产生的声音，人们游泳时发出的响声，尤其对那些受伤鱼类、海兽或人类发出的划水声，鲨鱼更为敏感，这些声响都可能招致鲨鱼前来。这些情况显示它们具有完备的听觉器官（图35）。

图35 尽管在鲨鱼头部的外面看不到像人类那样软骨质的外耳壳，但鲨鱼的头颅里有听觉器官，在外部只能看到一个小开口，鲨耳能接受声波、听到声音。图中为白鳍礁鲨。

图36 水中的声响传入这头星鲨的耳朵，它在凝神倾听。

鲨鱼内耳的构造接近人耳，不同的是其内耳与一根充满淋巴液的小管相连。水中传来的声波沿着这根小管进入内耳，引起液体的振荡，从而刺激内耳的听觉感受细胞，声信号经听神经传导到鱼脑，进而使其能够快速做出行为反应。鲨鱼特别善于分辨低频声信号，这意味着它们能进行远距离声学定位（图36）。

鲨鱼的听觉很好，某些鲨鱼在水下甚至能听到1千米之处的声音，它的耳朵能够定位发出声音的方向并朝该方向游去。鲨鱼善于听到和分辨低频率声音。有些声音的频率低得超出了人类的听力范围，而鲨鱼却能听到。不过，像海豚发出的那种高频声音，鲨鱼就听不见了。

硬骨鱼类的耳朵（耳石）主要起平衡身体的作用，而鲨鱼的内耳既能听到外界的声音，同时能帮助鱼体在水中保持平衡。

15. 特殊的“侧线”器官

“侧线”从鱼身外面就可看到，就是在鱼体两侧从头部到达尾部的许多小孔排列成的线，因此叫作“侧线”（图37）。侧线可不简单，其小孔内有灵敏的感觉细胞，由一排神经末梢构成完整的神经链，是一种能够感知水压和水流变化、低频振动、温度差异的特殊感受装置，全称叫“侧线感觉器官”。

鲨鱼的侧线器官发达，这对于水中定位及捕食等具有重要意义。侧线对水的压力波特别敏感，鱼类通过感受水层的压力差异，能够准确调控自己所在的深度。侧线还能感受低频振动的刺激，可以认为，侧线是鱼类听觉的辅助器官。一旦侧线受损，鱼对水温的敏感度会明显降低，由此说明侧线也有感受水温的功能。有些鱼类借助侧线能够感受0.03～0.05 ℃细微的水温差。

图37 鲨鱼通过侧线（箭头所指）感知水压高低、水流方向和速度以及水中物体的位置及其变动。

举例来说，鱼在水下游动，人们在离它一定距离处轻触一下水面，鱼会很快警觉而逃离。鱼类之所以对水的波动反应这么快，主要是靠侧线的作用。在鲨鱼附近游动的鱼，无论多么小心，都会因扰动引起轻微水波，鲨鱼立即便能感知，因此，即使它没有看到猎物，也能知道猎物在哪里。同样，要是有天敌（虎鲸）游近，鲨鱼也能及时发觉而逃离。

鲨鱼捕食时，侧线器官会先感受到猎物活动的振动波，嗅觉器官找出猎物所在的方向和位置，袭击前鲨鱼会绕着猎物打转，这时视觉发挥作用。

16.隐秘神奇的电感器

除了具有视、听、嗅、触、味五种感觉器官外，鲨鱼还具有隐秘神奇的电感受器。这一特殊器官的结构、用途和功能之谜，历经数代科学家不懈的努力才得以探明。

早在1678 年，意大利解剖学家洛伦兹就已发现鲨鱼头部前端有许多斑点状小孔，小孔集中分布在嘴巴四周，后人称其为洛伦兹壶腹，这其实就是鲨鱼奇特的电感受器（图38）。然而，鲨鱼的这套器官系统有什么用处，却一直是个未解之谜。

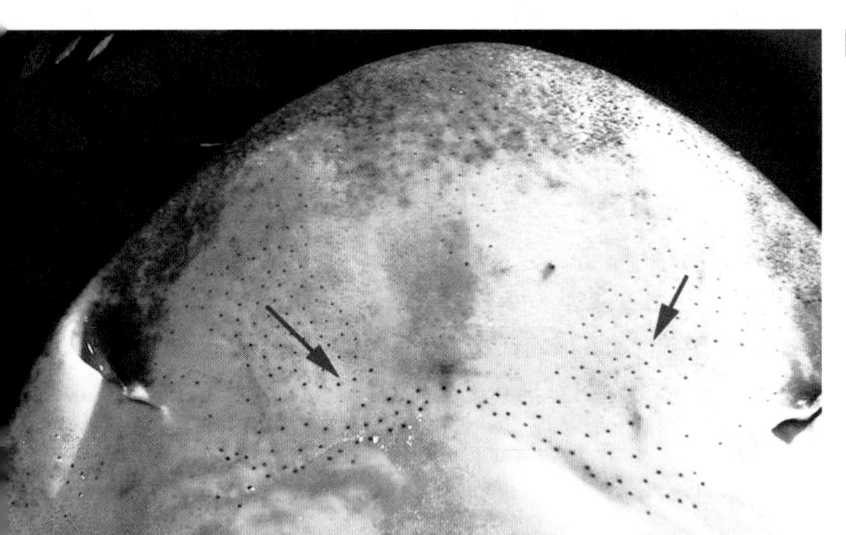

图38 鲨鱼口鼻周围密密麻麻的小孔，就是洛伦兹壶腹所在位置。这种毛孔电感器十分灵敏，能够接受周围动物发出的微弱电信号，从而精准地捕捉猎物。

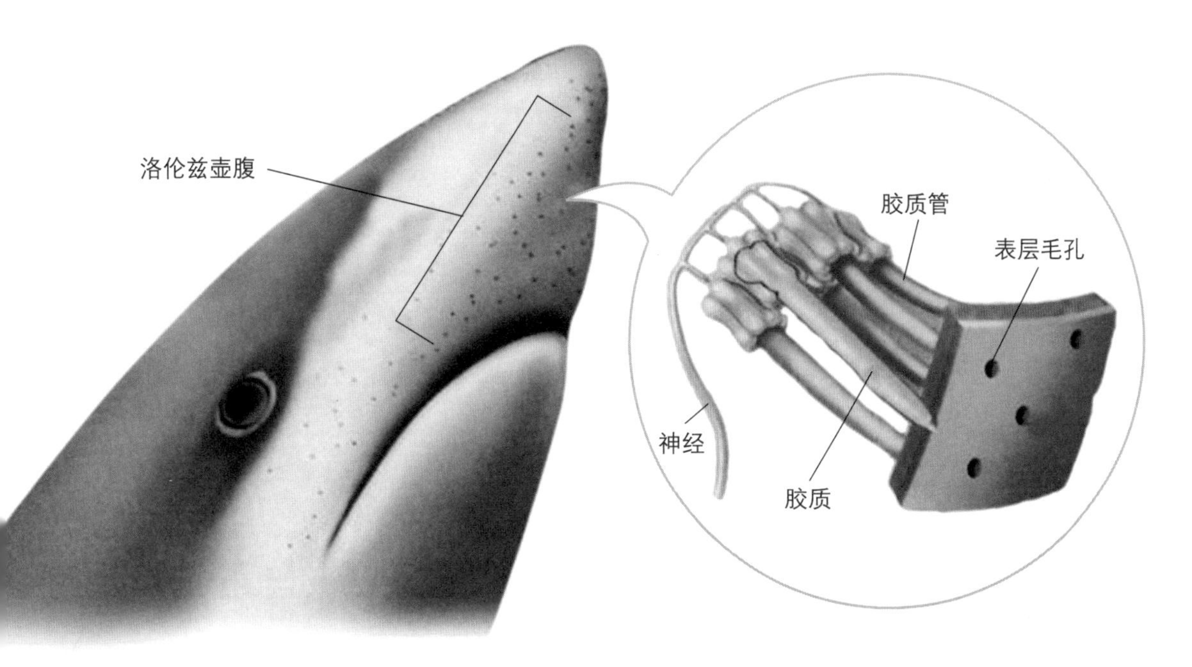

图39 图示剖开鲨鱼口鼻附近的一小块皮肤所显示的洛伦兹壶腹的内部结构，每个小毛孔都连通一条充满晶状胶质的管子，构成能够用来感受电子信息的网状神经系统。

直到20世纪70年代，已经是洛伦兹发现鲨鱼“壶腹”接近300年后了，生物学家借助现代实验设备，终于探明了“洛伦兹壶腹”的功能和用途：它就像一台灵敏的电子探测器，能够检测到附近猎物身体发出的微弱电流（图39）。所有动物运动或呼吸时都会发出微弱的电信号，鲨鱼灵敏的电感器能够感受到，因此，洛伦兹壶腹能够指引鲨鱼准确来到猎物身边。

在污浊水域或黑暗无光的海底，鲨鱼的其他感觉器官可能会失灵。这时，壶腹系统便显示出它的奇异功能。有人把这种电感器称作“第六感官”。正是依靠体内这套神奇的电感器（就是“电鼻子”），鲨鱼能够轻而易举地发现躲在黑暗里或躲藏在海底砂砾里的猎物。双髻鲨头部下方有一大片此类毛孔，因此它们是最善于辨别微弱电信号的鲨类之一。

“电鼻子”也能帮助鲨鱼找路。科学家们认为，通过感受自身电场同地球磁

图40 就像体内安装了高性能电子仪器一样，锤头双髻鲨利用自身灵敏的电感器，感受地磁场的变化，使得它们能够快速聚集并依照一定路线长距离迁移。

场的差异，鲨鱼就像随身携带一个指南针，可以确保自己不会迷路：圆齿锤头双髻鲨头部下方的壶腹系统，就是用来感受海底磁场变化的器官。对于鲨鱼来说，某一特定地区的磁场，其作用等同于路标或路线图（图40）。

洛伦兹壶腹这种特殊感觉器官，对鲨鱼的生存和发展起了重大保障作用。尽管鲨鱼捕食猎物时，所有感官功能的配合必不可少，但电子嗅觉的特殊功能更是至关重要、生死攸关。

鲨鱼作为地球上古老的生物，拥有如此多样的感觉器官，难怪它们能够在数亿年的物种盛衰演变中一直延续到今天。科学家们认为，鲨鱼是自然界中最神奇的动物之一。鲨鱼用来与外界联系的感觉器官是自然界中最灵敏的，其构造也是最巧妙的，其他脊椎动物包括人类的感觉器官都无法与之媲美。

鲨鱼世界奥秘多多

17. 惊人的长期记忆能力

短时间的记忆能力，在鱼类中不足为奇，然而某些鲨鱼却拥有令人难以置信的长期记忆能力。比如虎鲨（图41），它们拥有令人吃惊的记忆力。研究发现，虎鲨能够记住它们曾经享用过美味食物的地方，它们会一次又一次返回那里寻找机会，哪怕相隔在千里之外，也会在所不惜。

图41 宽纹虎鲨身上有显眼的老虎一样的条形斑纹，性情凶猛，犹如海中“老虎”。

图42 经历过食物如此丰盛的美好之地，鲨鱼怎能不记住它！

夏威夷大学海洋生物学家近期研究证明，有些鲨鱼能够觉察到地球磁场的变化。这一发现提供了新的例证：鲨鱼体内存在一个生物“罗盘”，借以引导它们辨别方位，准确找到远距离以外的目的地。有学者认为，虎鲨、蓝鲨等能够径直地在海洋中游过很长的距离，仅凭嗅觉是不可能做到的（图42）。

18. 冒险的“喂鲨潜”和鲨深潜

加勒比海岛国巴哈马，那里最有特点的旅游项目之一便是“喂鲨潜”。全世界有多处潜水观赏鲨鱼的胜地，但不能保证每次潜水一定能看到鲨鱼，只有在巴哈马等少数潜水点，用新鲜鱼肉作为诱饵，能够引来大批鲨鱼猎食，潜水者得以近距离观赏鲨鱼的形态和行为。这真是既冒险又刺激的旅游项目，世界各地爱好潜水的“鲨鱼迷”纷至沓来，乐此不疲。据报道，巴哈马的潜水服务站已经安全运营了30多年（图43）。

最近一项研究揭示：一些种类的鲨鱼会深潜至270米水下，去享受研究人员试验投放的牲畜肉块。为了获取食物，有些鲨鱼会冒险地深潜进入它们的死亡临界

图43 潜水者用美味食物诱使鲨鱼潜游过来。穿戴着护身锁子甲的潜水者与凶猛鲨鱼近距离接触，这就是勇敢者的“喂鲨潜”，这种活动必须在专家的指导下才能进行。

深度。那里含氧量极低，有遭遇窒息的可能，但一顿大餐盛宴会诱使鲨鱼敢于冒险行动。当然，鲨鱼有灵敏的“侧线”为其掌控潜水深度，太深太过危险的海底，即使最富冒险精神的鲨鱼也会止步（图44）。

图44 来到潜水者身边吃美味的笛鲷鱼块，对鲨鱼来说也是一种冒险行为。在鲨鱼眼里，潜水者是另类动物。

19. 为什么鲨鱼害怕虎鲸?

号称海中之王的鲨鱼，并不是无敌王，它们十分惧怕一种叫作虎鲸（又叫逆戟鲸）的海洋哺乳动物（图45）。

虎鲸是一类大型齿鲸，牙齿非常锋利。雄虎鲸体长10米左右，体重7～8吨；雌虎鲸稍小。雌、雄虎鲸都十分强大凶悍，又从不“单打独斗”，而是成群结伙一起捕猎，阵势强大，因此十有八九能捕得鲨鱼（图46）。

图45 大名鼎鼎的虎鲸，背鳍高大突出，样子像一支倒竖着的古代兵器——“戟”，因此，虎鲸又名逆戟鲸。高大的背鳍既是有力武器，又起到方向舵的作用。

图46 展开“围捕”队形的一群虎鲸，它们会先围住一条鲨鱼，而后正面进攻；或有的虎鲸从下方逼近，趁鲨鱼不备，迅速猛袭其下腹部，致使鲨鱼伤重败亡。

图47 虎鲸在捕食鲨鱼的情景。

虎鲸不但拥有强大的力量，而且大脑也非常发达，捕食技巧高超，凭借实力优势，能够追逐和捕杀很多顶级捕食者，它的食谱中包括令很多海洋动物闻风丧胆的大白鲨、虎鲨和灰鲭鲨等（图47）。

虎鲸是鲨鱼的克星，大小鲨鱼无不害怕虎鲸，一旦碰到虎鲸，鲨鱼或是急忙逃走，或是将腹部朝上漂浮装死，因为虎鲸从不吃动物尸体。

20. 海豚怎样对抗凶猛的鲨鱼?

除了虎鲸以外，海洋中还有敢于并能够和鲨鱼对抗的动物，那就是海豚。那么，海豚是靠什么对抗凶猛的鲨鱼的呢?

海豚是一类温和的齿鲸类，吃鱼类及小型海洋动物。如同虎鲸一样，海豚也是聪明的海兽，认知能力强。当遭遇鲨鱼时，它们能准确判断双方实力和危机情势，从而正确采取对抗、阻挡或逃避的对策（图48）。

图48 团结友爱、成群活动的宽吻海豚，敢于以群体之力对抗鲨鱼。

海豚游动速度较快，灵活性高，大型鲨鱼要咬到海豚十分困难，而海豚要攻击鲨鱼却比较容易。大鲨鱼通常独来独往，海豚则多成群活动，它们会联合起来，有组织地围攻鲨鱼（图49）。海豚尖尖的喙就是强有力的武器，在众多海豚的包围下，用喙轮流高速撞击鲨鱼的要害，最终软骨质的鲨鱼可能因内脏被撞破裂而死。

图49 一群海豚共同对付水中的一条大鲨鱼，它们以群体之力阻挡鲨鱼行凶捕杀它们的同类。

像其他齿鲸一样，海豚还能够依赖回声定位进行捕食，甚至能够发出高频率声波击晕猎物。

世界各地多有报道，救生员或冲浪者在海中遭到鲨鱼袭击，运气好时会得到一群海豚的救援，海豚会在遇险的救生员或冲浪者身旁围成一个保护圈，阻挡鲨鱼前来攻击。由此可知，鲨鱼是避免招惹海豚的。为此，美国一些科学家在海滨浴场驯养海豚，意图用海豚赶走鲨鱼，来保护游泳者的人身安全。

21. 鲨鱼神秘死亡之谜

鲨鱼具有很强的免疫力，通常无病少灾，但偶尔会有鲨鱼不明原因地死去，这其中有什么奥秘？原来，鲨鱼的天敌不仅只有庞大的虎鲸和聪明的海豚，还有一些小动物也会置鲨鱼于死地，例如刺豚鱼。

刺豚鱼是一类特殊的硬骨鱼，全身长满硬刺，颜色多为棕色，其腹部肠的前下方有一个大气囊。当气囊充满气体时，刺豚鱼身体就像气球一样胀大鼓起，成为一个刺球，使一些小型天敌无法对它们下口，这一招连鲨鱼也惹不起。这是刺豚自我保护、避敌求生的法宝（图50）。

鲨鱼作为大型掠食者，却也奈何不了小小的刺豚鱼。曾经有潜水员看到一条鲨鱼张开大嘴一口咬住一条刺豚鱼，危急时刻刺豚鱼吞入空气，鼓胀起身体，满身利刺竖立起来，扎得鲨鱼满嘴是血，不得不把刺豚鱼从嘴里吐了出来，扫兴地游走了。当危机过去后，刺豚鱼通过鳃孔和口释放出体内气体，又恢复了平时的样子。

鲨鱼错误地以为，刺豚鱼是很容易到口的美味食物，可实际上却是无法消受的“怪物”。由此，人们知道，总会有贪嘴的鲨鱼吞吃刺豚鱼时太过心急，“刺球”深深卡进喉咙里再也吐不出来。针刺扎进咽喉，鲨鱼因不能进食而死；也可能刺球堵塞呼吸通道，致使海水不能顺利流过鱼鳃，鲨鱼因缺氧窒息而亡。

这就是鲨鱼神秘死亡之谜的谜底。

俗话说：“一物降一物。”对于横行霸道的大鲨鱼，还有一种又扁又小的鱼儿，鲨鱼竟也动它不得，那就是属于比目鱼类的豹鳎。

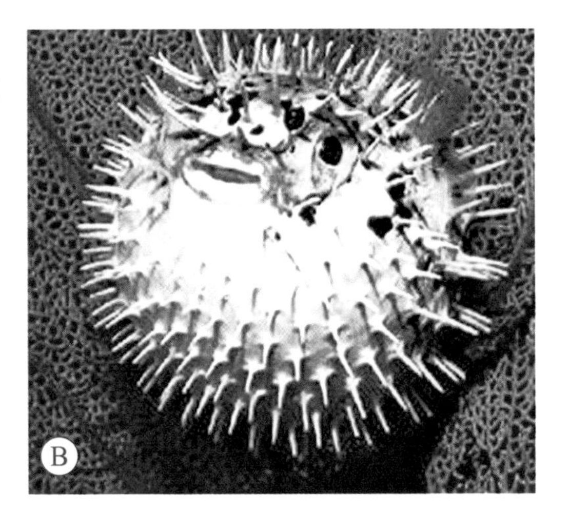

图50 （A）刺豚鱼平时的样子；（B）刺豚鱼充气鼓胀成为刺球的样子。

一条没有经验的鲨鱼张嘴去咬豹鳎，立即痛苦地扭动身体，张开的血盆大口僵住不动。这是怎么啦？原来，鲨鱼的肌肉组织被豹鳎分泌的剧麻液给麻痹了，因此鲨鱼闭不上嘴了。不过，十多分钟后剧麻液的作用消失了，不认输的鲨鱼会再次咬豹鳎一口，结果依然被剧麻液弄得狼狈不堪，只得悻悻地放弃这个猎物了。

有关豹鳎分泌的剧麻液，美国一位生物学家曾经做过一个实验，他把这种剧麻液稀释5 000倍，结果依然能麻醉多种海洋动物；他还尝试给自己注射豹鳎剧麻液，旨在致力于人工合成类似豹鳎分泌的剧麻液的麻醉液，期望为海洋作业人员开辟新途径，提供一种天然防鲨药剂。

22. 谁给鲨鱼领航开道？

给鲨鱼领航开道的是一些生态习性特殊的硬骨鱼。这些鱼儿由于在海洋中人们看到它们时，总是在给大型的鲨鱼、蝠魟或海龟等领航开道，因此被人们冠以“领航鱼”的名号，它们的本名“黑带鲹”和“黄金鲹”反倒鲜为人知。

领航鱼的突出习性是喜欢和其他海洋生物共栖共生。成年领航鱼常常伴随在大鱼的身旁，与鲨鱼、海龟等共游，并获得大鱼的庇护（图51A）；幼鱼时期则多选择与水母、海藻共栖，并随之漂流（图51B）。它们以捡吃共生伙伴掉落的食物肉块碎屑为生，也取食大鱼身上的寄生虫或死皮。

领航鱼跟随大鱼有好处，能够得到大鱼掉落的碎肉残食；而大鱼能得到什么回报？领航鱼能够及时“通报”给共生伙伴好消息，告知鲨鱼“有猎物来了，该开饭了”（图52）。

图51　（A）一群领航鱼围在鲨鱼的身前左右，大鲨鱼友好地对待小伙伴。（B）有的大水母伞体直径可达2米，其边缘的触须上有无数剧毒刺细胞，因此许多掠食者避免接近水母，和水母共生的领航鱼由此得到庇护。

图52　领航鱼是一些相当机灵的硬骨鱼。图中这些和远洋白鳍鲨并驾齐驱、快速向前游的领航鱼，属于知名的鲈科黑带鲹。成年黑带鲹体长可达60厘米。

图53 海洋里有不同种类的领航鱼，图中这种领航鱼属于鲈科黄金鲹。大鲨鱼快速游泳时，在它的头前方会产生一股弓形波，能够带动领航鱼省力地一起向前。

鲨鱼从不伤害围在它们身边或游在前面这些领航的小鱼，鲨鱼和领航鱼结交成为“朋友”，这也表明凶猛的鲨鱼并不是毫无头脑的吞食机器，它们懂得互助互惠，构建互利共生的和谐生活（图53）。

23. 鲨鱼何以需要“清洁工”？

这里所谓的“清洁工”，是指一些能够帮助别的动物清洁身体的小鱼和虾类。尽管鲨鱼是强悍的掠食者，同样需要“清洁工”帮助保持身体的洁净和健康。清洁鱼紧跟在鲨鱼身边，鲨鱼乐意清洁鱼为自己清理身体污垢。

因为海洋里生活着各式各样的生物，常有些藻类附生在鲨鱼体表，更有多种外寄生虫寄生在鲨鱼身上，鱼体的黏液、老皮、死皮以及坏死组织，还有口腔和鱼鳃里的寄生物，都会使鲨鱼感到不舒服，甚至伤病难愈。清洁鱼和清洁虾紧跟着鲨鱼，经常在珊瑚礁海区帮助鲨鱼等大鱼清理身体，吃掉它们身上的“杂物”和“致病生物”，甚至连鲨鱼口齿间的肉屑及鳃里的杂物都能清理干净（图54）。

图54 图中几条清洁鱼属于虾虎鱼科小型鱼，正在用嘴清理一条灰礁鲨的头部。它们吃掉鲨鱼体表的寄生物和秽物，鲨鱼安详地享受清洁鱼的“服务”，双方互惠互利。

鲨鱼需要清洁鱼和清洁虾，如同我们人类需要医生和看护。凶猛的鲨鱼不仅不会伤害自己的“医生”，还会主动配合，温和地等待，让清洁鱼、清洁虾为之“治病疗伤”，清除坏死组织及身体污垢（图55）。

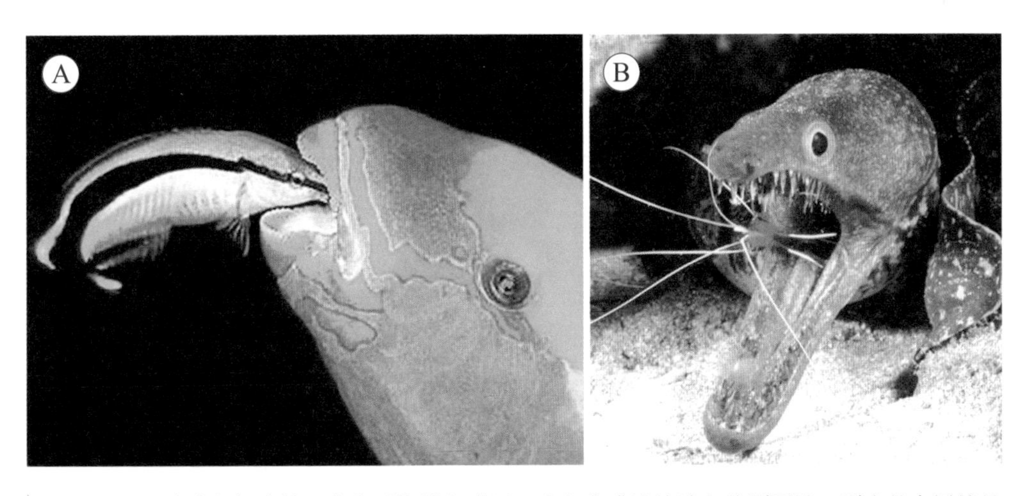

图55 （A）清洁鱼把头伸入大鱼（海鳝）嘴里，大鱼张嘴让清洁鱼给剔牙缝，剔出的肉屑就是清洁鱼的美味食品。这种著名的清洁鱼名叫蓝灯虾虎鱼，又称霓虹刺鳍鱼；（B）清洁虾属于藻虾类，它用长足端的小螯钳作为清理工具，为鲨鱼和其他大鱼清洁身体。

24. 鲨鱼“隐身”有何奇效？

很多种类鲨鱼会利用身体色彩来“隐身”，对于游动速度慢的鲨类，“隐身”这项技能尤其重要，既可避免被厉害的天敌发现，也能更好地埋伏等待突袭猎物。即使游泳速度快的鲨类，通常也利用色彩来“隐身”，以提高捕食的成功率。

很多鲨类背腹部的色调相反，背面深色，腹面浅色，这样的体色有隐身效果。当捕食的鲨鱼悄悄接近并突然出现，就像从地狱冒出来的“恶魔”，猎物被惊吓得手足无措，根本没有机会逃走（图56）。

有些居住在海底的鲨鱼身体非常扁平，扁平得让人误以为它们是海底的一部分。叶须鲨是非常成功的隐身者，它扁平的身体上大块对称的斑纹如同地毯上的

图56 大青鲨背面体色为金属蓝，而腹面雪白色。从上往下看，蓝色的背部与海水浑然一体；从下往上看，白色的腹部与明亮的天空融成一片。

图57 叶须鲨嘴巴周围长有许多根须样的皮肤下垂物，像一条条海藻或小虫，既加强了伪装效果，同时能吸引螃蟹和大螯虾过来找“吃”的，如果它们太过靠近叶须鲨，就会被突然咬住并吃掉。

图案，因此又被称为“地毯鲨鱼”。叶须鲨体表的颜色和斑纹拟态它栖身的海底岩石环境，它把自己装扮成灰乎乎海床的一部分，同时习惯于静静地趴伏着，等候那些失去警惕的美味猎物来到跟前（图57、图58）。

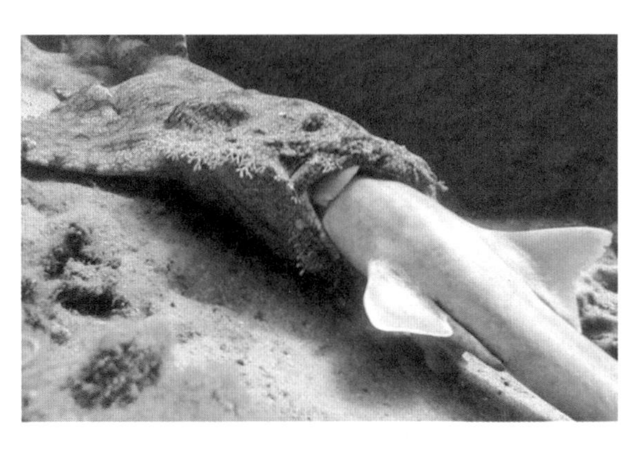

图58 叶须鲨的拟态伪装果然有了奇效，一条大意的竹鲨游近过来，被叶须鲨突然张口咬住，头部已被吞入口中。据报道，这是有史以来摄影师第一次拍到“鲨吃鲨”的画面。

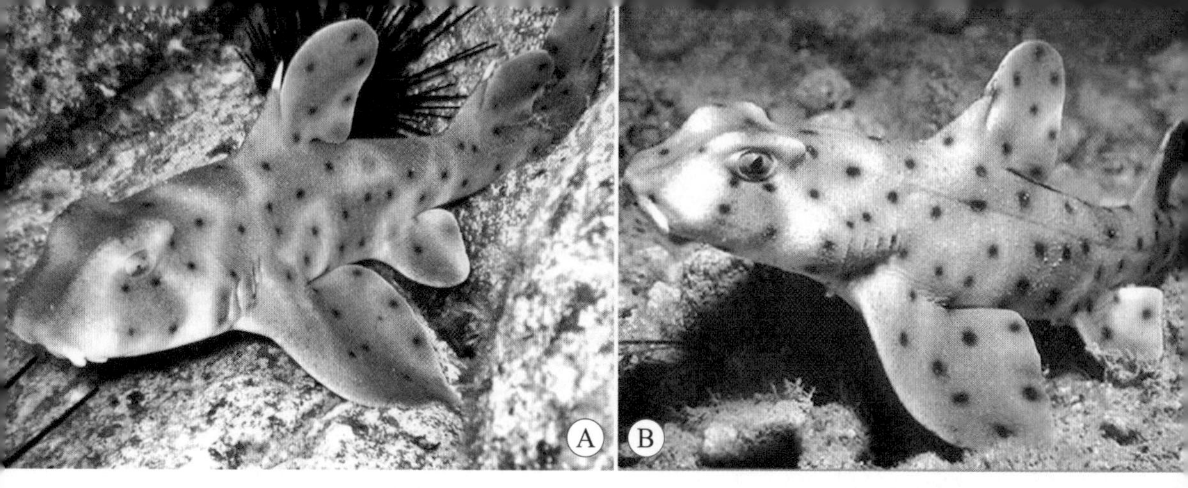

图59 （A）角鲨的体色和斑点与栖地背景吻合，在棕黄色海底生活的角鲨体色棕黄；（B）在灰白色岩石海底生活的角鲨体色灰白。隐身避敌为角鲨的生存加了一道保险。

角鲨因背鳍上有一根角状尖刺而得名，它们是小型鲨鱼，可能遭遇的天敌较多，它们背部的尖刺和身体的保护色，主要用于防御掠食者。背部的尖刺会让天敌难以下咽而放弃，保护色起到隐身的作用（图59）。角鲨还能将身体钻

图60 这种扁鲨具有近似海底色泽的保护色，体形也适合潜伏海底，隐藏在泥沙中；口周围的触须能帮它找到底栖的硬骨鱼类、鳐类和无脊椎动物来充饥。

进岩石裂缝中，只露出背鳍和尖刺，掠食者很难看清它们，更无从下口。

扁鲨的身体扁平，外形很像一把琵琶，因此人称“琵琶鲨”。它平常不喜活动，一旦受到惊吓，能借助宽大的胸鳍“滑翔”甚至“起飞”（图60）。

依据鱼类学家的研究，大约有50种鲨鱼能发光，它们大多栖于深海弱光带至无光带。例如灯笼乌鲨的体内发光器，能够持续发出一定强度冷光。鲨鱼发光有助于鱼体与周围的弱光环境融为一体，巧妙地利用周围的光学环境，达到“隐身”的效果，从而骗过捕食者及捕猎对象。不同种类鲨鱼所发的光各有特点，发光也是黑暗海域同种雌雄鲨鱼相聚的信号（图61）。

图61 灯笼乌鲨是能在黑暗水域发光的鲨类，其所发出光的光谱及光强与它们所在环境相配。水域光线状况有了变化，发光鲨鱼能适当调整自己发出的光。

25. 鲨鱼真的什么都吃吗?

曾经有大鲨鱼被捕被杀，人们把鲨鱼开膛剖肚后，惊奇不已地发现，在某些鲨鱼的胃里竟然找到铠甲、钢盔、成箱的酒、大衣、外套、笔记本、皮靴、雨衣、尼龙袜、罐头、煤块、网球鞋、碎布片、舰艇的号码牌等（图62）。这些东西根本没有可食性，不知鲨鱼是为什么和怎么样将它们吞入肚子里的?

图62 图中这些物品，只是人们解剖鲨鱼时在鲨鱼胃里找到的一小部分。

很明显，有的鲨鱼不论什么东西都可能吞进肚子里。由于有了剖腹检验的事实依据，有人不禁认为，鲨鱼什么都吃。其实，鲨鱼的胃不等同于“垃圾箱”，可能是饿极了的体形较大的鲨鱼，在饥不择食的情况下狼吞虎咽，将一些杂物和食物一并吞下。

鲨鱼在吃食时，只是一个劲儿地猛咬猛吞，它的胃口大得惊人，而且有时并不是因为饿了才去吃东西。往往因为突然遇到强烈的刺激声，或嗅到一股异乎寻常的怪味，或被故意挑逗变得反常起来，鲨鱼会见到东西就往肚子里吞，不论什么东西，也不管能不能消化，它都会一口吞下。

许多人不知道，鲨鱼还有一个奇特的本领，那就是它吞进去的食物可以在胃里存放10～15天之久。有些鲨鱼由于环境因素的变化，还会把存放胃内多日的东西吐出来。

实际上，几乎所有已知的鲨鱼类都是肉食性的，它们大多以牙齿捕食猎物。鲨鱼不咀嚼，都是整体或大块吞下猎物。世界上三种特大的鲨鱼（鲸鲨、姥鲨和大嘴鲨），它们的嘴巴都非常巨大，却以完全不同的方式捕食猎物，它们从水中滤食数以百万计的微小生物，所吃的小动物比人的手指甲还要小。

26. 鲨鱼传宗接代的奥秘

鲨鱼进行有性生殖。观察外部生殖器官就能分辨雌、雄鲨鱼。雄鲨腹鳍内侧有一对“棒状结构”，那就是被称为“鳍脚”的雄性交配器。在雌、雄鲨鱼性成熟准备繁殖期间，行为会有些异常，比如雌雄鲨鱼结伴同游、体色变化、互相撕咬等。鲨鱼求偶行为更特别：雄鲨向雌鲨表达“爱意”，常常通过咬雌鲨的背部、胸鳍或尾巴以“示爱”，所幸雌鲨的皮肤很厚，很快就又康复了。许多雌鲨身上的伤疤表

图63 图为雄性护士鲨求偶的情景。交配时雄鲨弯曲身体缠住雌鲨，精液通过两鳍脚间的沟管输入雌鲨的泄殖腔孔中，为雌鲨授精。精子和卵子在母鲨体内结合。

明，她们是被雄鲨咬过和生育过的母鲨（图63）。

大部分海洋动物包括硬骨鱼类，成熟的雌、雄个体分别把卵子和精子产到水中，精子和卵子在水中结合为受精卵，这种形式称为“体外受精”。软骨鱼类的交配和受精方式与此完全不同，鲨鱼的受精作用发生在雌鱼体内，属于和哺乳类动物的受精方式相似的“体内受精”（图64）。

图64 一头怀孕的大腹便便的黑鳍礁鲨母鲨。

不同种类鲨鱼受精卵的发育方式截然不同：①有些种类的鲨鱼，例如虎鲨、豹纹鲨等，母鲨将外面包有厚卵壳的大型受精卵产在海中，卵里有营养丰富的卵黄，胚胎依靠卵黄囊发育，直到卵孵化为幼鲨才顶破卵壳而出。这种生育方式称为卵生。②大多数种类的鲨鱼，例如尖吻鲭鲨、皱鳃鲨等，受精卵就在母鲨子宫内发育，胚胎营养靠卵黄囊，或从母鲨卵巢排入子宫的卵吸取养料，等到卵孵化出幼鲨，母鲨便逐一地生产出幼仔，这种生育方式称为卵胎生。③有些种类的鲨鱼，例如沙条鲨、无沟双髻鲨，它们的受精卵也在母体子宫内发育，但胚胎通过胎盘从母体得到营养，母体经由脐带把养分和氧气输送给胚胎幼体，幼崽发育成形后，母鲨寻找安全的、食物丰富的浅水区产下幼鲨。这种生育方式称为胎生。

由此可知，鲨鱼的生育方式多样，既有卵生，也有卵胎生和靠胎盘供给幼体营养的胎生。

硬骨鱼类产卵数量巨大，例如一条母鳕鱼一次能产上百万粒卵，每粒卵都很小。相比之下，鲨鱼每次产卵数量非常有限，但它们的卵很大，里面的卵黄储存着很丰富的营养，卵内胚胎吸收卵黄营养发育成长。

卵生鲨类产出的卵有外壳保护。狗鲨的卵外观像“钱包”。虎鲨卵则是螺旋状的。母虎鲨产下卵后，在外壳变硬前将卵塞入石缝里，卵壳变硬以后便牢牢嵌在石缝里，使天敌难以碰到，胚胎得以安全地发育、孵化（图65）。

图65 这粒鲨卵看起来像个“钱包”，卵外壳入水后变硬。卵壳上长有触须，能将卵缠附在海藻、珊瑚或岩石上，免得卵随水流漂走。

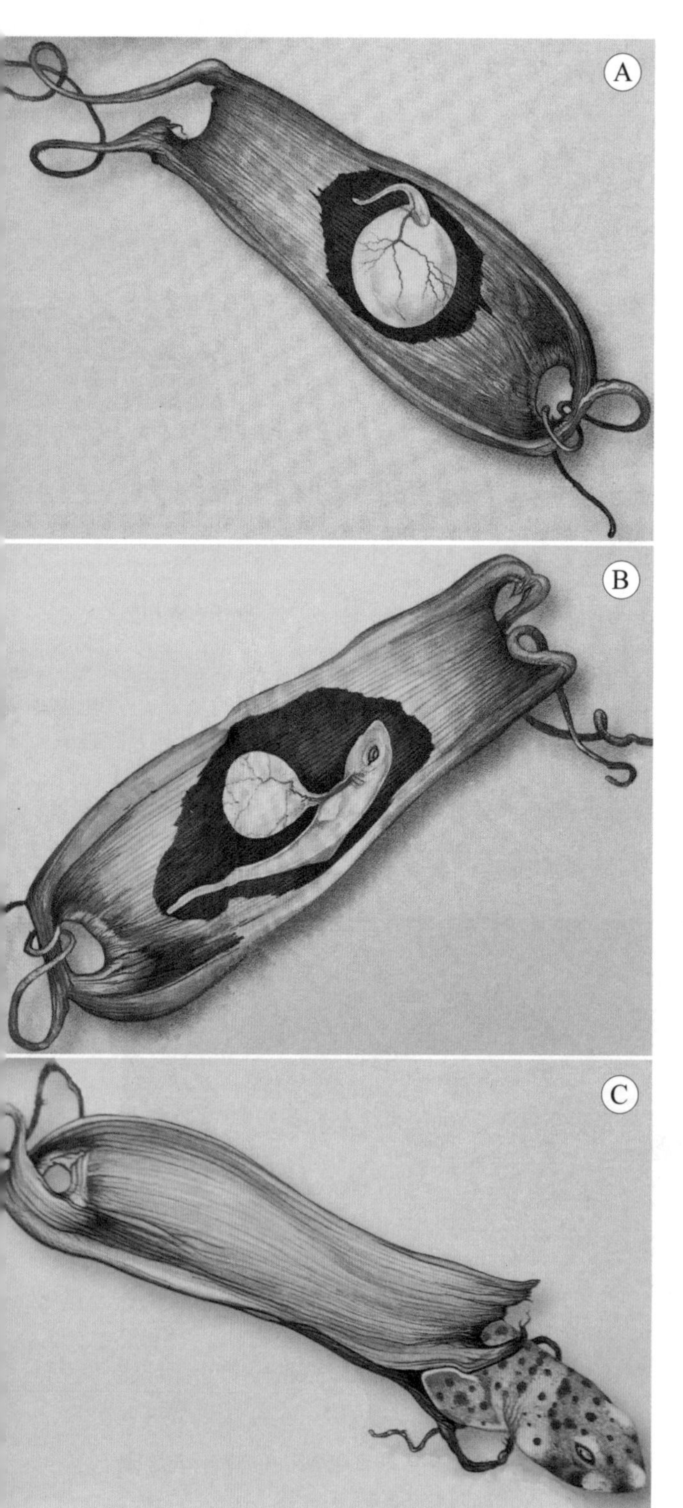

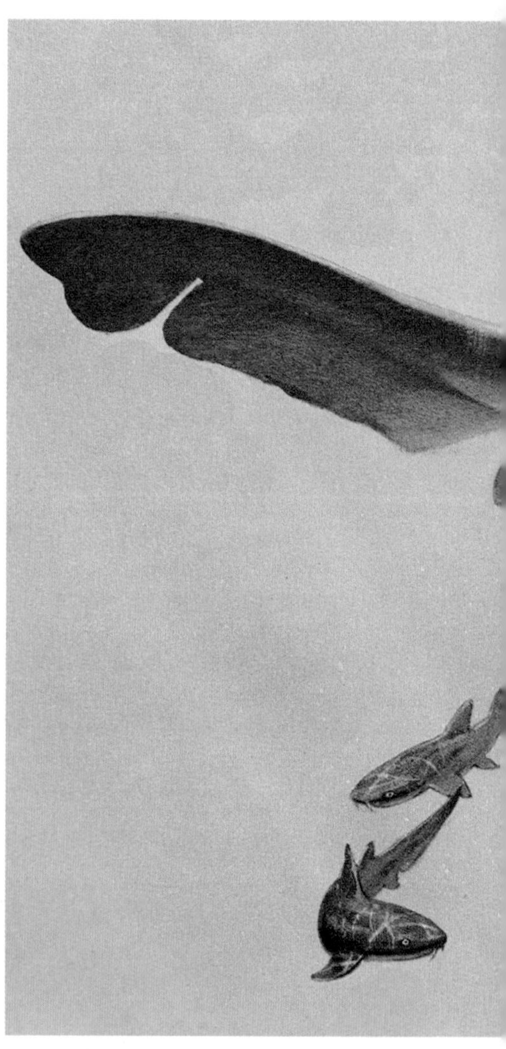

图66 鲨卵孵化过程：（A）产出不久的鲨卵，供给胚胎营养的卵黄囊很大很充实；（B）随着胚胎的成长，幼体逐渐成形，卵黄囊变得越来越小；（C）卵黄全部被胚胎吸收，发育完全的幼鲨从卵囊钻出，投入大海怀抱，从此自己谋生。

图67 以卵胎生方式生育的鲨类，母鲨逐一产出幼鲨，新生幼鲨立即成为“小杀手”，马上就会捕食。

在水里孵化的受精卵，产在温暖水域的鲨卵发育速度快，而产在寒冷水域的鲨卵可能需要长达一年或更长时间才能孵化为幼鲨（图66）。

卵生鲨鱼种类不多，大多数种类的鲨鱼并不把卵产到水里，而是以卵胎生方式繁育后代，也就是受精卵在母鲨体内发育，母鲨产出活生生的幼鲨（图67）。

新生幼鲨大小和父母鲨的体形大小有关。中等体形母鲨一般产体长30厘米左

图68 新生幼双髻鲨锤头状脑袋还比较柔软，不会卡在母鲨的产道里。

右的幼鲨，而大白鲨的幼鲨一降生体长已达1米多，和一名7岁儿童差不多大。

据2013年英国《每日邮报》的一则报道，美国佛罗里达州海滨，一条1.5米长的雌性双髻鲨被垂钓者拉到海滩上，当母鲨翻滚挣扎时，先后分娩出数十条幼鲨（图68，见红圈内）。

庞大的鲸鲨每次可产300尾幼仔；尖吻鲭鲨每次产4～18尾幼仔；长尾鲨每次只产2尾幼仔，是一次产仔数最少的。

远洋生活的鲨类大部分卵胎生或胎生，因为鱼卵在远洋很深的水底无法生活。多数鲨鱼每年按照季节进行繁殖，一些大型鲨鱼每隔一年繁殖一次。大部分母鲨怀孕期长达8～9个月，白斑角鲨的怀孕期甚至长达22个月。

通常大型母鲨一次生产的小鲨较多，小型母鲨则较少。出人意料的是，鲨鱼的生长发育异常缓慢，一般需要5～10年甚至更长时间才性成熟。例如柠檬鲨幼鲨虽然生长在海生植物茂盛、食物丰足的浅海，也需要15～20年才完全长大成熟（图69）。

由上可见，鲨鱼的生育方式复杂多样，这可能是因为鲨类长期生活在广袤无垠的海洋，生境分化多样：远洋与近海、表层与海底、浅海与深海、热带暖水区与寒温带冷水区、海水与淡水等生境均有明显不同或差别，从而使生活在其中的鲨鱼在形态、生理、生态以及生育方式等方面均分化为不同的适应类型。

俗话说："虎父无犬子。"沙虎鲨性情残暴，幼鲨也够凶猛。有人通过解剖观察证实，母沙虎鲨子宫里10厘米长的胚胎就已经有了牙齿，在娘胎里尚未出生的同胞胎幼崽，竟能互相残杀，强者吃掉弱者。最后，在母鲨的两个子宫里只剩下最凶残、最强壮的2尾或最多4尾幼鲨能够降临世间。因为出生前就把肚子吃得饱饱的，所以它在出生后，一个月不觅食也不会影响到发育成长。这样奇特的现象在其他动物胚胎发育过程中从未发现过。

头部带有一把锐利"长锯"的锯鲨，母鲨在生育时，幼鲨的这把"长锯"会添麻烦吗？答案是不会。因为幼鲨出生时，它的"长锯"是向后折着的，后来才向前伸展并变得坚硬。

图69 柠檬鲨因体色近似柠檬色而得名。其幼鲨4岁才长了40厘米，20岁完全性成熟时才能达到3.8米成年鲨的体长。

四 类型多样的鲨鱼家族

大多数种类的鲨鱼生活在海洋中，海洋的各个生态带——沿岸带、大洋带、深海带以及热带、温带、寒带海洋——生活有不同种类的鲨鱼，少数河流和湖泊里也生活有某些鲨类。

鲨鱼家族的多样性是它们生活环境多样化造成的。

27. 地球上现存最大鱼类——鲸鲨

鲸鲨不仅是地球上现存最大鲨鱼，还是整个鱼类家族的老大，一般个体体长9～12米，最大个体可能长达20多米。虽然鲸鲨体形很大，但直到1828年在南非海域才首次被发现和确认。1949年在泰国附近海区捕到一条，体长17.7米，是目前为止人类捕获的最大的一条鱼。鲸鲨自大约200年前首次被人类定名以来，由于过度捕杀，现已近濒危。

鲸鲨长相很特别，显得与众鲨不同。它的身体为灰褐色或青褐色，前面粗壮，后面渐细小；头大而扁阔；眼睛小，嘴巴大；胸鳍特大，长达4.8米；尾鳍长2.4米。它的上下颌有数以千计的牙齿，但每颗牙都很细小。一般鲨鱼的嘴通常位于头下方，而鲸鲨的嘴却在身体最前端。成熟鲸鲨的皮肤厚达10～15厘米，可有效抗御其他动物的袭击（图70）。

研究认为，鲸鲨大约出现在6 000万年前的海洋，属于古老鲨类。其性情温

图70 人们容易认出鲸鲨：它身体背面布满白或黄色斑点，体侧约有30条黄白色斑纹。每头鲸鲨的斑点和斑纹都是独一无二的，可用来辨识不同个体，由此可准确探知鲸鲨数量。

和，喜欢在表层水域游荡，以浮游动物、小型甲壳类、乌贼等为食，生活在热带、亚热带海域。鲸鲨个体寿命可能长达70年。

鲸鲨是著名“滤食”鲨类，其口中的角质鳃耙分成许多小枝，交叉结成海绵状的“过滤器”。滤食时，鲸鲨张开它的超级大嘴，让海水携带大量细小的浮游动植物一起流入嘴里，然后闭上嘴，让水从鳃裂流出。各种小型动物包括浮游海蜇、甲壳类、软体动物、磷虾、小虾、沙丁鱼、凤尾鱼等小鱼和鱼卵，甚至小金枪鱼和鱿鱼等，通通被鳃耙“过滤器”截留在口中，接着鲸鲨一下子将一大堆食物全部吞下。这样的捕食方式称为“滤食”。鲸鲨的嘴虽大，但喉咙却不宽，也只好靠“滤食”生活（图71）。

图71 鲸鲨的大嘴几乎和头部一样宽，达到1.5米，嘴里竟有多达数千颗圆锥状牙齿，但每颗牙小如火柴头。这些牙既不能嚼碎也不能撕裂食物，只好靠“滤食”生活。

在水体清澈的海域，潜水者有可能发现鲸鲨的存在。不过，鲸鲨通常喜欢潜伏在较深的海水中，最深可达水下1 500米。它们依靠怎样的生理机制能潜游得这么深，还有待深入研究。它们深潜可能是为了寻找食物，或许强大的海流有利于它们长距离潜游。

可别以为庞大的鲸鲨一天到晚要不断张口“滤食”。事实上，滤食鲨鱼不需要连续进食，每周滤食一两次就够，食物匮乏时也能耐受几周的缺食。但为了有效地获取足够的食物，鲸鲨会千方百计找到浮游生物聚集密度高的海区。大批量浮游生物聚集与海况条件及繁殖季节有关，属于大洋性鱼类的鲸鲨，能够长距离遨游迁移以寻找食物丰富之地（图72）。

图72 鲸鲨到底能游多远，至今人们还不清楚。科学家推测，有些鲸鲨可能从澳大利亚西海岸珊瑚礁附近游至印度尼西亚海域，游程长达15 000千米。途中伴随鲸鲨的有成群的领航鱼。

鲸鲨卵无疑是世界上最大的卵，一个卵相当于40个鸡蛋大小。目前已知，世界上最大的一颗鲸鲨卵的卵壳长30.5厘米、宽14厘米、高8.9厘米，比篮球还大，这是1953年渔船在墨西哥湾海底捞到的，卵壳中的胎仔长达35厘米。鲸鲨的寿命很长，它们可活到百岁之年，成熟年龄在30岁左右。

虽然人们知道鲸鲨是体内受精，但是对于鲸鲨的交配习性及繁殖情况等至今了解不多。迄今只有一头怀孕的雌性鲸鲨被渔民发现并捕获。在这头雌性鲸鲨的子宫里共发现300多头与母鲨模样相同的胎仔。由此得知，鲸鲨是卵胎生鱼类，母鲸鲨会将卵留在体内，直到卵发育为幼鲨并生长到40～60厘米才产出体外，鲸鲨每次产下大批幼仔，却只有极少数得以存活并长大成为成年鲸鲨。

人们对鲸鲨所知甚少的原因还在于，当鲸鲨潜水抵达某一深度后，研究者安放在它身上的卫星跟踪发射器会暂时失去作用，数据传输中断；有时发射器会脱落。因此全程跟踪鲸鲨非常困难。

鲸鲨分布遍及印度洋、太平洋和大西洋各热带和温带海域，我国黄海、东海和南海都有捕获记录。菲律宾是世界上鲸鲨分布密度最高的地区，其滨海城镇栋索尔几年前出现一群鲸鲨，居民对这些庞然大物充满喜爱之情，称鲸鲨为“海洋中温和的巨人”，每年举行鲸鲨节，围绕鲸鲨举行各种有意义的活动，慕名前来的旅游者到这里参加生态旅游，享受了解与保护鲸鲨、人类与鲸鲨和平共处的乐趣（图73）。

图73 鲸鲨以性情温和而出名，潜水者海中遇到鲸鲨，可以放心共游嬉戏，骑到鲸鲨背上既刺激又稳当。但鲸鲨一旦发起火来，可不得了，它那粗壮的尾鳍只要轻轻一甩，就连渔船也会被打翻。

28. 世界第二大鱼类——姥鲨

图74 姥鲨巨大的身躯和体内丰富的肝油，使它成为各地捕鱼船队追寻的捕杀目标。

姥鲨是仅次于鲸鲨的世界第二大鱼类。最大的姥鲨标本是1851年在加拿大芬迪湾捕到的，它的总长度达12.27米。姥鲨的习性和鲸鲨相似，同样靠“滤食”浮游生物填饱肚皮，姥鲨为寻找浮游生物密集的海域经常迁移，季节性地出现在某些海区（图74）。

姥鲨属于大洋中上层鲨类，每当风和日丽、海面平静时，常将背鳍露出水面，慢慢悠悠，宛如海中一块礁石（图75）；姥鲨和鲸鲨的肝脏都很大，体内有大量油脂使得它们的身体像个大浮筒，因此能够缓慢游动而不至于沉入水底（图76）。姥鲨有时也会跳跃出水，可能是为了甩掉吸附在身上免费搭载的鮣鱼。

研究者通过长期观察得知，春夏季节姥鲨常出现在海洋中上层，有时三四头结群，也出现过几十头的大群；冬令季节姥鲨好像消失不见了，它们究竟去了何方？长期以来学者们猜测它们潜到深水层冬眠了。英国学者应用卫星跟踪设备，对20条姥鲨的活动进行了为期3年的研究后发现，姥鲨并非潜到海底冬眠，它们不冬眠，而是为了寻找食物长距离迁移，有时潜至深水捕食。

姥鲨经济价值很高，20世纪我国闽、浙沿海渔民每年捕获数百头，近年来姥鲨资源已显著减少，已变成濒危物种。

图75 （A）姥鲨大嘴张开，宽可达1.2米，口里的鳃弓清晰可见。大嘴一小时可吸进大约500立方米携带有浮游生物的海水。（B）姥鲨口中牙齿很多，细小如米粒，每颗牙长只有5～6毫米。

图76 姥鲨性情温和，喜欢群游。英国一处沿海海域，一条4米长的姥鲨和冲浪者在一起。姥鲨游动缓慢，一小时能游大约5千米，因此冲浪者才能够靠近围观。

29. 相貌独特的大嘴鲨

大嘴鲨是鲨鱼家族中最稀有且最神秘的种类之一，是第三大靠滤食浮游生物生活的大型鲨类。超大的嘴巴是它突出的特征，因此又叫巨口鲨或大口鲨。

大嘴鲨巨大而且怪样的大嘴让它闻名世界。不过，这种鲨鱼白天隐居深水水域，夜间至浅水区滤食水中的浮游磷虾。由于常在深水区栖息，因此极少被捕获，目前全世界发现的数量不足百条，是一种非常罕见的珍稀鲨类（图77）。

第一条大嘴鲨于1976年被美国一艘考察船在夏威夷外海无意中捕得，那是一条雄鲨。它被做成标本保存在火奴鲁鲁博物馆。大嘴鲨的发现曾经成为国际新闻关注的焦点。此后，世界各地纷纷展开搜索行动，每次发现都会引起轰动与关注（图78）。

图77 大嘴鲨相貌独特，身长约5米，大嘴宽1米左右，头大嘴大尾长，牙齿细小须状，嘴巴像大勺子，可大量“舀”海水入口内。

图78 大嘴鲨的模式标本图。大嘴鲨大嘴的上下颌长满了须状小牙齿，这些牙齿的功用还需深入研究。

第30头被发现的大嘴鲨，是世界范围迄今已知捕获的最大的大嘴鲨，长560厘米、重约3 000千克，为我国台湾渔民所捕获。

有关大嘴鲨的生态习性、地理分布的细节还有待进一步研究。

鲸鲨、姥鲨和大嘴鲨是现今滤食性鲨鱼家族中的三巨头，它们都有无比巨大的嘴，都采用类似的捕食方式，显示属于共同的生态类型。可实际上，它们并不属于同一科属，其形态构造与滤食方式有着各自的独特之处（图79）。

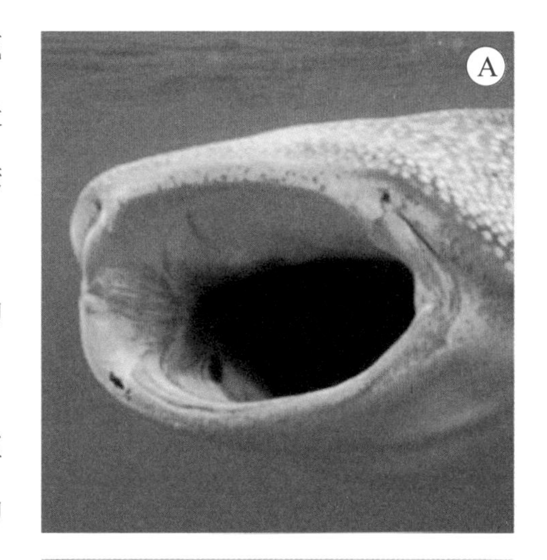

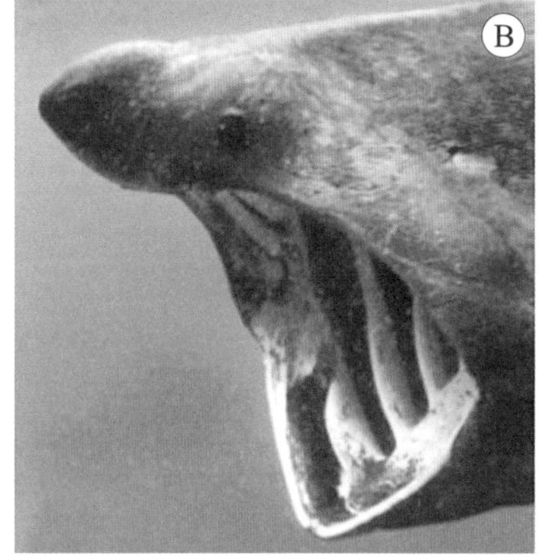

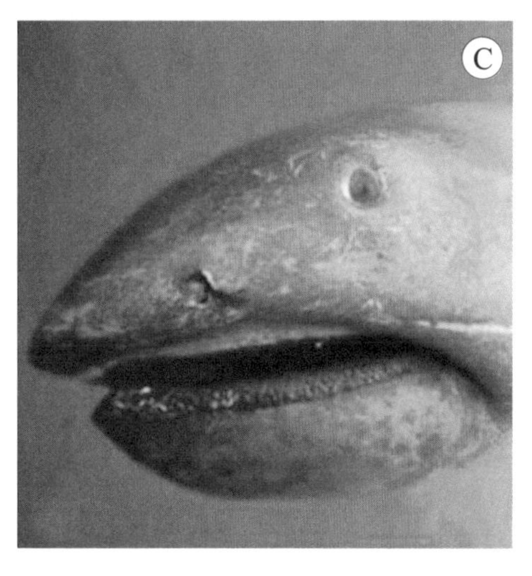

图79 三种大型滤食鲨类的嘴巴和滤食方式比较：（A）鲸鲨的头上下摆动，大嘴就能吸水滤食；（B）姥鲨抬起吻部，放低下巴，扩宽嘴巴吸水滤食；（C）大嘴鲨用勺子样的下颌“舀起”海水滤食。

30. 世界最大掠食鱼——大白鲨

在鱼类世界中，大白鲨的名气最大。自从1975年美国惊悚电影《大白鲨》上映热播以来，大白鲨的凶恶形象及其残暴特性几乎家喻户晓、尽人皆知。大白鲨是当今名副其实的终极海中之王，是海中各种掠食者的克星，它们还是涉嫌袭击人类最多的鲨鱼之一。世界上生活有大白鲨的海域，每年都会有人不幸受到大白鲨的攻击。因此，大白鲨有个更令人震撼的名字——“噬人鲨”。

大白鲨身体确实大，一般体长达6米。据报载，曾捕获的最大个体达到7米，重1 814千克。大白鲨并不是纯白色的，它的腹部及两侧灰白色，背部黑褐色，这使它在明亮的表层水域不易被发现（图80）。

图80 大白鲨身体呈鱼雷型、尾部呈月牙形，加上吻部尖圆，使它能够劈波斩浪，游得很快。

图81 张开血盆大口的大白鲨，露出锐利如锯的尖牙。任何海洋动物在它面前都有危险。这样的一张嘴撕咬起猎物来，犹如绞肉机。

大白鲨的速度、爆发力相当可观，游泳时速可达40千米，最高时速达69千米，比奥运百米游泳冠军的速度快得多。研究者曾经在美国加州海边跟踪一条大白鲨直到夏威夷，行程3 862千米，仅用了4天！

大白鲨是特殊的温血鱼类，游泳时身体产生大量的热，与一般冷血性鲨鱼不同，它们能一直保持体温比身边的水温高3～5 ℃，因而能在较冷的海域里游弋和捕猎，这也是它游得更快的原因之一。

大白鲨凶猛无敌，巨大的颌部排列着剃刀般锋利的牙齿，齿的边缘呈锯齿状。它的牙齿比其他鲨鱼的大，整个嘴巴里有几十颗令人恐怖的巨齿，每颗长达7.5厘米，被认为是“自然界最有效的杀戮武器”，能牢牢咬住和快速撕碎猎获物（图81）。

大白鲨的咬啮极其强劲有力，以致能产生极大的压强。成年大白鲨的咬合

力可达1.8吨，而大型非洲狮的咬合力约为560千克，人类的咬合力仅约80千克。大白鲨无疑是当今生物界中力量最为强大的动物之一。

大白鲨尽管躯体庞大，行动却十分迅速，反应异常灵敏。它们之所以凶残与其灵敏的感觉器官有关，它们能感觉到多种刺激，如对声刺激、光刺激、血腥味刺激、电刺激以及混浊水的刺激等都很敏感，并能做出灵敏的反应。

大白鲨一旦发现猎物，行动异常迅猛，不等猎物反应过来，它已经出现在猎物面前。它既是世界上最大的肉食性鱼类，也是唯一经常捕食海豹、海狗、海狮甚至幼鲸等大型海洋哺乳动物的鲨类，当然它也吃同类（如双髻鲨）和一些大型的硬骨鱼（如金枪鱼、大马哈鱼、翻车鱼等）。当从下方及后方迅猛攻击捕猎对象时，它甚至会大力跃出海面（图82）。

图82 （A）大白鲨具有令人惊叹的突袭能力，它能从水下加速上冲，巨大的冲力能将大白鲨本身连同被袭海狗一起带出海面；（B）猎物落入鲨口，大白鲨用牙齿撕咬并吞下猎获物。

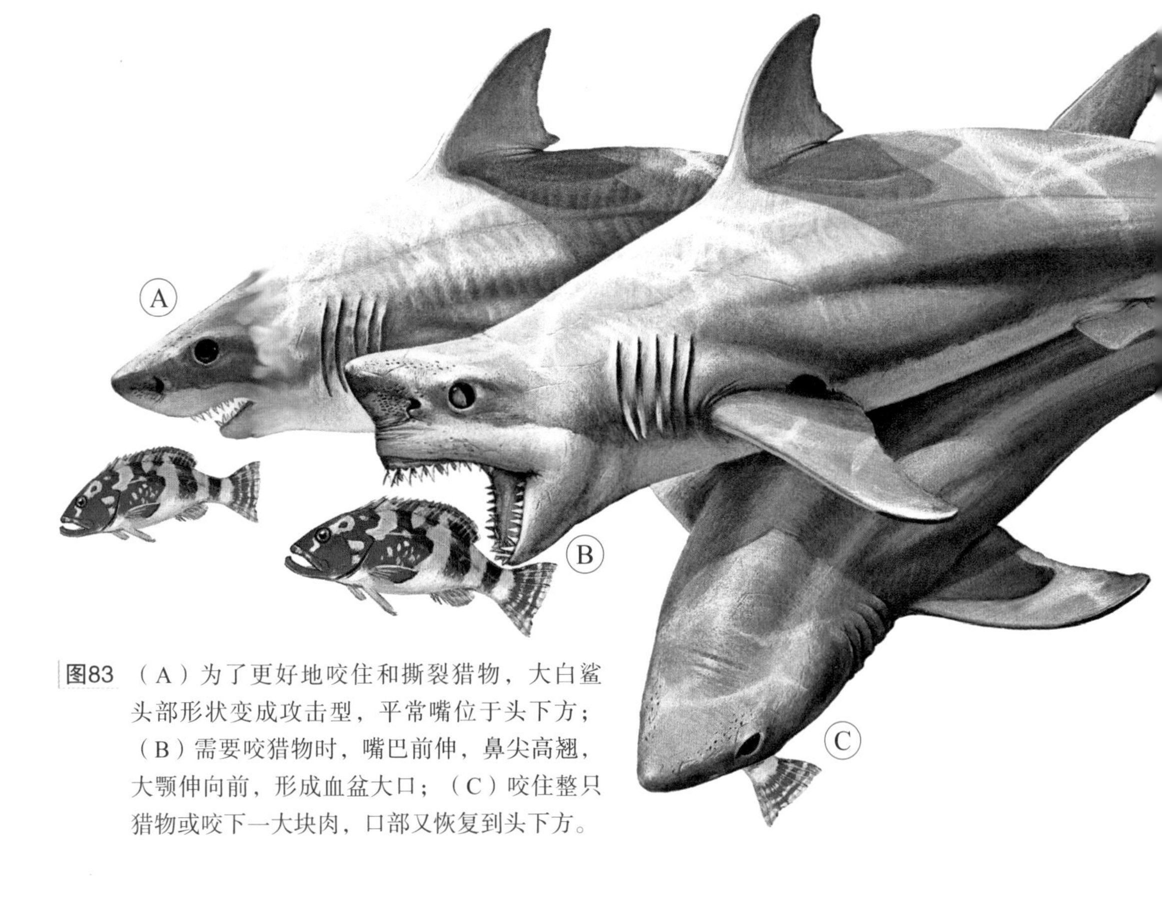

图83 （A）为了更好地咬住和撕裂猎物，大白鲨头部形状变成攻击型，平常嘴位于头下方；（B）需要咬猎物时，嘴巴前伸，鼻尖高翘，大颚伸向前，形成血盆大口；（C）咬住整只猎物或咬下一大块肉，口部又恢复到头下方。

大白鲨不咀嚼猎物，它的口腔、咽部、食道和胃的空间都很大，足以让它一次吞下大量食物。它喜欢整个吞食；如果猎物实在太大，就用利齿撕裂、锯断，然后一块块吞食。解剖发现，大白鲨未经消化的食物可在胃里存放很长一段时间。一次吃进大量食物意味着它们不需要频繁进食（图83）。

值得一提的是，捕鲨者从生活在地中海、南非、澳大利亚等不同海域捕得的大白鲨胃里发现许多奇怪物品，包括大石头、电线、浮标链子、钩子、篮子、木板、雨衣、大衣、裤子、靴子、鞋子、假发、塑料桶等。研究人员认为，这些东西中有些可能是猎物的胃容物，被大白鲨一起吞入了胃里。

长期以来，人们错误地认为，大白鲨是永远吃不够的家伙，好像一直处于饥饿状态。实际上并不是，要是一头大鲨鱼享用了一顿可观的“盛宴”，大约可维持一个月无需再进食，如同狮子及其他猛兽一样，鲨鱼也并不经常捕杀猎食，只有饥饿了才进行猎捕。

捕捉猎物需要花费时间和精力，大白鲨的捕食策略是首选捕捉体形较大的猎物，而不是多次捕捉小猎物。大白鲨喜爱高能量多脂肪的猎物，对脂肪的兴趣显然高于肌肉。不过，在觅食过程中它不会放过任何机会，它懂得以最小的能量消耗获得足够的食物（图84）。

图84 海洋顶级杀手大白鲨正在吞食一条金枪鱼，场面血腥。自然界的“弱肉强食”就是如此。

大白鲨的幼仔出生时，体长已达1.2～1.5米，重约23千克，新生幼仔离开母鲨，立即就能进行捕猎，自幼就是自食其力的杀手。

31. 海中“老虎”——虎鲨

图85 虎鲨是著名的大头鲨，眼眶突起显著，两背鳍前面各有一根尖利硬刺。这种虎鲨善于捕食海胆、海蟹和鳌虾等，它用宽大而扁平的牙齿碾碎猎物的硬壳。

真正的虎鲨是指虎鲨科现存8种比较小的底栖鲨类，例如我国的宽纹虎鲨（图85）和狭纹虎鲨，它们是一些起源古老、分布广泛的鲨类，主要捕食贝类和甲壳类，对人并无危险。

平常人们所说的“虎鲨”，实际上是属于真鲨科的鼬鲨类，是大型而且凶猛的鲨鱼，例如居氏鼬鲨

图86 鼬鲨的成年个体身长可达3～4米，最大的长达6.5米，嘴很大，上、下唇褶发达，牙齿强大而锐利，几乎无坚不摧，因此人称“海中老虎”。

图87 这头身长4米张开大嘴的“虎鲨”让人能看清，它的上、下两排牙形状相同，但同一排牙的前后齿形状不同，前方的呈门牙状，两侧的呈臼齿状。这样的牙齿既能紧咬，也能磨碎猎物。

和锯齿鼬鲨（图86）。

这类“虎鲨”有良好的视力和嗅觉。它们能侦测到躲藏着的动物身体发出的微弱电波，也能感知远处鱼群游水时引起的波动，从而找到并捕获猎物。此类“虎鲨”是危险而残暴的捕食者，偶尔还会攻击人类，其速度虽不及大白鲨，但凶猛程度丝毫不差。它咬伤了动物或人，会始终跟着受伤者，直到吃到口为止。

此类“虎鲨”什么都吃，它们捕食各种海洋鱼类、小型海兽、海龟、海鸟，也吃甲壳类、软体动物、动物尸体，甚至垃圾都吞食，偶尔攻击人类（图87）。捕鲨者曾经在虎鲨胃里发现过雨衣、罐头、煤块和网球鞋等杂物，因此，有人称“虎鲨”为“海洋垃圾桶”。

图88 佛氏虎鲨是卵生的，图示母虎鲨和她产出的螺旋形卵，卵长12～14厘米，深褐色，有时被人误以为是一团海藻。

真正的虎鲨家族中有的种类虎鲨以卵生方式繁育后代，每次只产2粒大卵，卵的样子非常特别，外面有圆锥形螺旋瓣角质壳保护，卵壳端部有长丝，能将卵固着于海藻、珊瑚枝或岩礁上（图88）。虎鲨大卵通常依附在岩礁缝隙里发育，偶而有卵随水流漂浮至海滩上。

32. 并不迷糊的“睡鲨”

在北半球北大西洋海域出产一种大鲨鱼，大名叫格陵兰鲨，这种鲨类因主要分布区在格陵兰岛附近海域而得名。其实，在南半球的南非、阿根廷及南极海域也发现过这种鲨鱼。大多数种类的鲨鱼生活在热带和温带海洋，而格陵兰鲨是少有的能够在寒冷海域中生活的鲨鱼，甚至能够在水温低至2 ℃的海水中生活。

成年格陵兰鲨最大的可长到7米，体重超过1吨，属于大型鲨类，它既是寒海区最大的鱼类，也是除鲸鲨、姥鲨、大白鲨以外世界第四大鲨类（图89）。雌性个体比雄性大很多。

格陵兰鲨是底栖性鲨类，栖息于深水环境中，夏季洄游到水深180～300米的浅海或河口水域活动，单独生活，游动速度缓慢，据科学家研究报道，每小时只能游1.2千米。它在海底优哉游哉、似睡非睡地缓缓前行，因此得了个外号——“睡鲨”，它是世界公认的游动最慢的鲨鱼，也是可能活到400岁的最长寿动物。

图89 格陵兰鲨体表棕色（也有紫色或蓝灰色的），身体特点是胸鳍、背鳍和尾鳍都很短，牙齿细密而尖利。

图90 格陵兰鲨是真正的深海鲨类，在北大西洋海域1 200米深处黑暗的水下，曾经发现过这种鲨鱼的踪迹。它们的动作慢悠悠，可能和生境低温有关。有人测得，格陵兰鲨摆动一次尾巴就要7秒。

研究者认为，睡鲨动作僵硬呆滞，这可能受生存环境低温的影响。在深海弱光及无光带生活，它们很可能主要依靠嗅觉和触觉寻觅猎物（图90）。

格陵兰鲨的食性很杂，几乎遇到什么就吃什么，包括各种中小型鱼类、乌贼、海胆、海星、水母、螃蟹、蛤蜊、死亡动物甚至腐尸。

令人惊奇不解的是，研究人员在对死亡格陵兰鲨进行解剖时，在它们的胃里发现有鲱鱼、鳕鱼、海豚、海豹等游速较快动物的遗骨，还发现北极熊等大型动物的残骸，甚至有一次还找到整只驯鹿的尸体。游速缓慢的格陵兰鲨是怎样捕获那些游速比它快很多的猎物的?

有些研究者认为，这种情况只不过是落在水中的动物尸体碰巧被格陵兰鲨吞

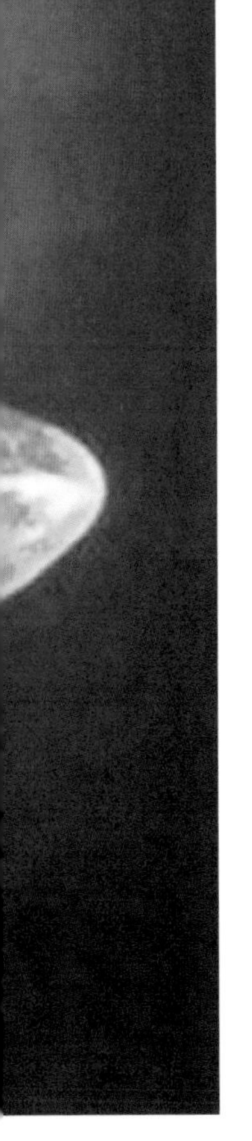

图91 为了揭开格陵兰鲨的神秘面纱，勇敢的美国摄影师深入水下海底近距离进行拍摄。

食的结果，这种说法不无道理。不过，格陵兰鲨是一种十分神秘的鲨类，科学界对它们的了解还太少。近年，一项最新研究显示，世界上游得最慢的鲨鱼采用一种聪明的伎俩进行捕猎：悄悄靠近熟睡的海豹，咬住便不松口。多方面的材料证明，睡鲨捕到鲜活的海豹是无可争辩的事实。

由于格陵兰鲨栖居人迹罕至的高纬度海洋，而且通常只在深海活动，所以在海里见过它们的人并不多（图91）。

格陵兰鲨作为大型鲨鱼，可惜其肉质既臭又有毒，生活在北极地区的因纽特人（即爱斯基摩人）早先仅只利用其肝脏制造鱼油，鱼皮用作砂纸，牙齿当作刀具，大量鱼肉丢弃不吃。

近年来，北极科技中心的研究人员正在研究如何“废物”利用，将格陵兰鲨含高脂肪的肌肉转变成生物燃料，供当地居民使用。

33. 头型怪异的双髻鲨

双髻鲨是以它们头部的奇特形状而得名的，这个家族已知有9种，它们都有一个怪异的头型，但不同种类双髻鲨的头型又各具特点（图92）。

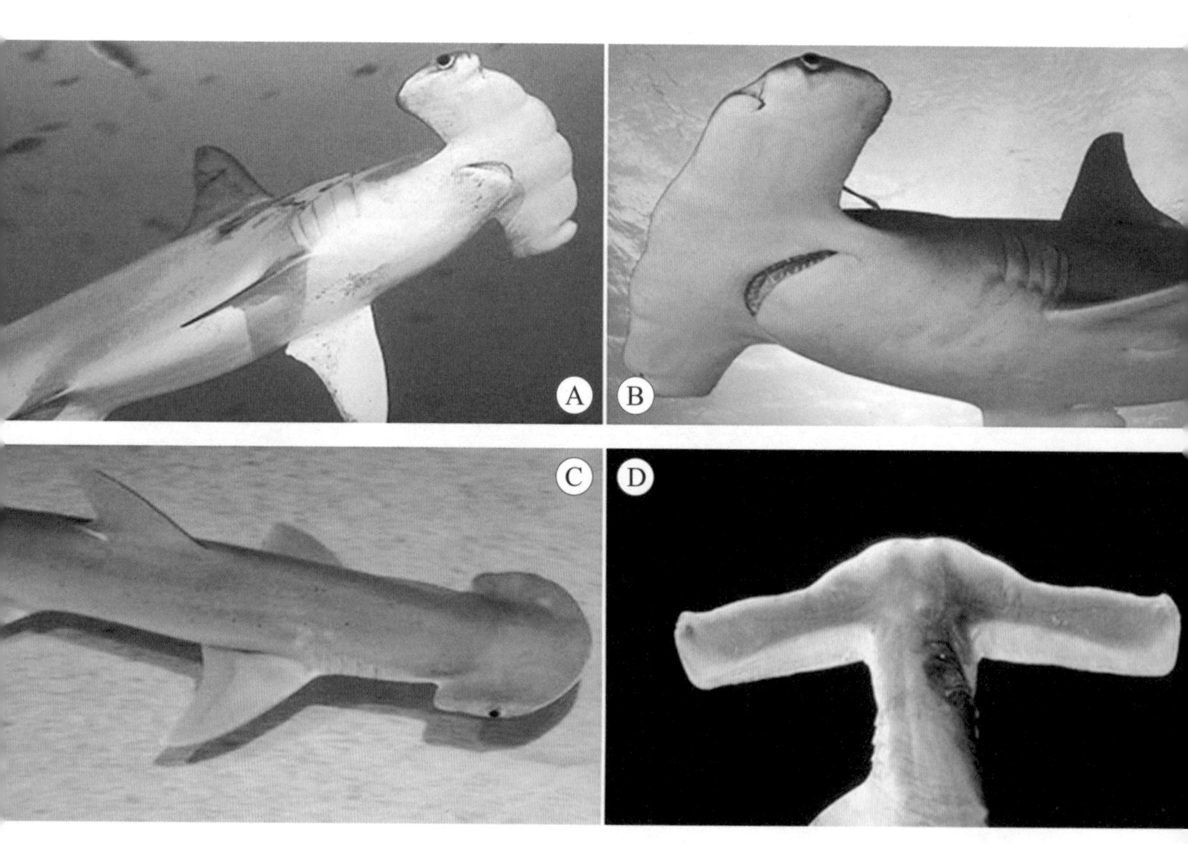

图92　（A）路氏双髻鲨体长3米左右，锤头呈广弧形；（B）无沟双髻鲨又叫大锤头鲨，最大的体长达6.1米，锤头前缘平直；（C）窄头双髻鲨体长约1米，锤头两侧短圆；（D）丁字双髻鲨锤头两侧外延呈翼状，形如“丁”字。

为什么双髻鲨进化出如此多种奇特的锤头状脑袋？自200多年前人类第一次发现它们以来，这个问题就一直困扰着科学界。这类鲨鱼无论其锤头形状如何，它们的双眼总是分列于锤头两侧，其视觉能力一直是人们争论的话题，也是研究的热点。

新近研究得知，大多数鲨鱼的眼睛长在正常头部的两侧，能环顾上下左右，但不能准确判断距离。不同种类双髻鲨尽管头型各异，它们的眼睛都长在锤头两侧的突出部位上，这是一种得天独厚的条件。这种头型使得双髻鲨具有非凡的双眼视觉和360° 全方位广阔视野，双眼视觉能精确感知对方所在的位置和距离。对于那些需要判断猎物距离的掠食动物来说，这种能力显得尤其重要。

视觉在这类奇特的软骨鱼类进化过程中起着至关重要的作用。创新型的脑袋形状给双髻鲨带来诸多好处。当它们在海洋中畅游时，只要稍稍扭动脑袋，就能看到身后的情况。更有益的是，这类鲨鱼能观察到垂直面360° 范围的动向，也就是上下前后左右都能看到，真正达到“眼观六路”。这种能力一方面有助于提高捕食效率，另一方面对那些有可能会被更大鲨鱼追捕的小型双髻鲨大有好处。

双髻鲨扁平的脑袋就像一个“翼”，有利于水中遨游。分布在锤头状脑袋前边的化学感受器、电感器有助于捕食时准确判断猎物的距离、方向和游泳速度（图93）。

图93 海洋顶级掠食者双髻鲨喜欢在珊瑚礁附近游弋。它的大嘴在头下方，满嘴尖牙利齿，善于捕食硬骨鱼类、鳐类、魟鱼、甲壳类和软体动物等。

图94 双髻鲨喜欢捕食底栖生活的魟鱼，它能迅速用一侧锤头“钉住”魟鱼，然后将魟鱼翻过身来，一口咬下肉来吞食。它们也能用锤头挖掘埋藏在沙里的猎物。

双髻鲨是贪婪的掠食者，它们经常出没在浅海、海湾和河口处，也在珊瑚礁海区寻找食物（图94）。

双髻鲨是迁徙性鱼类。每当季节更替时，大群的双髻鲨会组成浩浩荡荡的队伍，做一次长途旅行。夏天，它们游到温带海域避暑；冬天，它们游到热带海域越冬（图95）。

图95 美国一位摄影师在加拉帕戈斯群岛度假时，在水下拍到了上千尾双髻鲨同游的震撼影像。

最大的三种双髻鲨——无沟双髻鲨、路氏双髻鲨及锤头双髻鲨，对人类具有攻击性，被认为是可怕的吃人鲨类。每年，不同海域或多或少会有双髻鲨袭击人类的事件发生。不过，这大多是双髻鲨在受到惊吓时的极端反应，如果人们不去干扰或“刺激”它们，双髻鲨一般是不会伤人的。

34. 狡猾猫鲨的捕鸟奇招

猫鲨也叫狗鲨，属于小型鲨类，最大体长70厘米，多数栖息在近海沿岸或珊瑚礁区，喜欢停息在岩石缝隙或海底洞穴中，伺机捕食底栖甲壳类或小型鱼类（图96）。

图96 （A）猫鲨生有一对像猫眼一般的狭长眼睛，因此得名猫鲨；（B）猫鲨的眼在光线照射下闪闪发光，由于对光线敏感，因此它成为昏暗海底中的掠食高手。

猫鲨有一门捕食“奇招”。别看它们生活在水中，居然有时能捕到飞鸟。它们是怎样做到的呢？原来，猫鲨发现了在空中盘旋的飞鸟，立即将身体半浮于海面，只露出暗褐色的背部，一动不动，假装为一块海中礁石。鸟儿飞累了，茫然不觉地降落在这块“礁石”上。这时狡猾的猫鲨并不急于行动，而是先将尾部慢慢下沉，再逐渐将后半身沉入水下，仅留头部露出水面，停在猫鲨背部的飞鸟不知不觉也随着一点一点地向前移动，当它刚刚挪到猫鲨头部之际，会被猫鲨突然一口咬住。

有时，猫鲨把身体全部没入水下，只留头部露出水面，并张着大嘴一动不动，要是鸟儿看走了眼，以为那是礁石露出水面的部分，而飞近前来停歇，只要一靠近，猫鲨就会猛吸一口气，将小鸟吸进嘴里。

凶猛的虎鲨也喜欢品尝鸟肉，也会使用假装成海中“礁石”这一招，不过，它意图诱捕的不是小鸟，而是大型海鸟信天翁。这种大海鸟翅展宽度可能达到3.5米，捕到口就是一顿饕餮盛宴（图97）。

图97 千钧一发之际，信天翁警觉起飞，虎鲨这次的诱捕诡计功亏一篑，大海鸟有惊无险、鲨口逃生。

35. 原始鲨鱼——活化石皱鳃鲨

说皱鳃鲨是“活化石”，这就意味着，这种鲨鱼身体结构原始，数量十分稀少，至今依然零星存活于海洋中，人们偶尔还能见到甚至捕获。

皱鳃鲨身体长圆形，像鳗鱼，因此又名拟鳗鲛。它体长1.5米左右，最长雌鱼1.96米，雄鱼1.65米。这种鲨鱼平时生活在600～1 000米的海洋深水区域，人们实在很难见到它（图98）。

图98 日本海洋研究人员最近拍摄到的深海皱鳃鲨照片，外形真有点像鳗鱼，它一侧的6条鳃裂明显可见。

皱鳃鲨和普通的鲨鱼不一样，它身上具有原始鲨鱼的特点。它的口不在头部下方，而在头前端；通常见到的鲨鱼鳃裂为5对，而皱鳃鲨身体两侧却各有6条鳃裂，其鳃间隔延长而且有褶皱，并相互覆盖，因此被命名为皱鳃鲨（图99）。

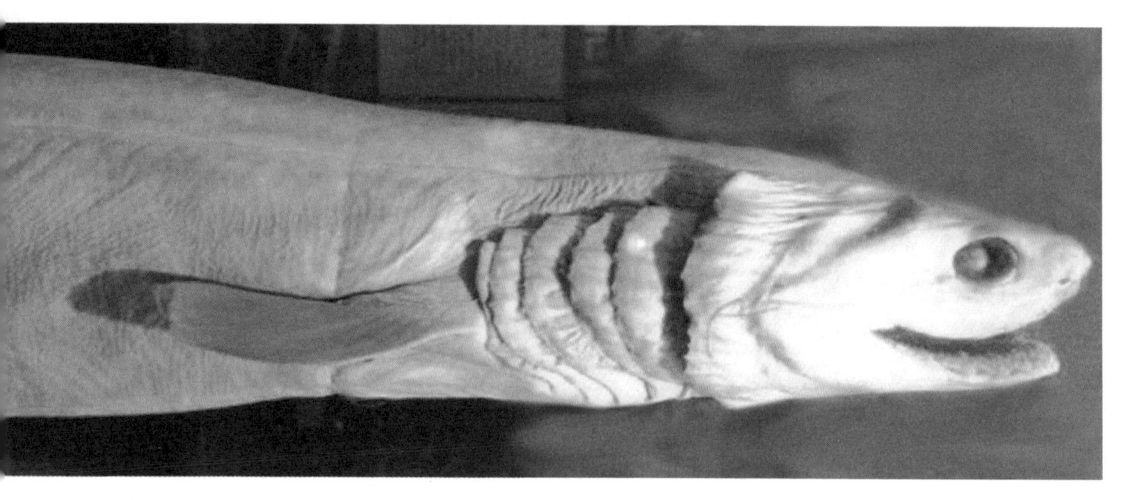

图99 图示皱鳃鲨口的位置和6条有褶皱的鳃裂。它的吻部极短，眼无瞬膜，身体背部有喷水孔。

皱鳃鲨属于远古遗留生存至今的珍稀鲨鱼种类，如同大熊猫一样，它也是一脉单传，现存只有1科1属1种，而且数亿年来形态几乎没有什么变化，因而才有“活化石”之称。

隐居深水海域是皱鳃鲨得以生存至今的主要原因。在深海环境中，它们靠什么进行捕猎？靠吃什么过日子？这点可从它们的牙齿得到答案。

皱鳃鲨由于牙齿怪异而闻名：其牙齿成排，每张嘴里约有300颗枝型牙，每颗牙都有3个锐利的长齿尖。仔细数数，它的嘴里总共约有1 000个钩状齿尖。皱鳃鲨就靠这样的牙齿捕食，虽然看起来有点原始，却能死死地咬住猎物，足以致猎物于死地（图100）。

图100 瞧，一口世所罕见、奇形怪状的牙齿，仅凭这一点就能判断，皱鳃鲨属于凶恶的海底捕食者。它还有超常发达的大眼睛，能尽量利用深水海域微弱的光线捕得猎物。

皱鳃鲨主要捕食比它小的鲨类、乌贼、章鱼和硬骨鱼，也吃从海水上层沉落的动物尸体、腐肉。

有学者认为，皱鳃鲨牙齿形状类似4亿年前的鲨鱼祖先——枝齿鲨；也有研究者指出，皱鳃鲨有6条鳃裂，可能是因为它们大多栖居氧气浓度较低的深海环境，较多的鳃裂有利于气体交换。

皱鳃鲨的生育方式为卵胎生，幼仔在母鲨体内发育，孵化期长达1年以上，其生殖率低，种群数量十分稀少。这种鲨鱼本身具有非常重要的生态意义和科研价值，已被列入中国物种红色名录和世界自然保护联盟濒危物种名录。

36. 古老裂口鲨与化石巨齿鲨

鲨鱼的起源可追溯到4亿年前。为什么这样说？因为有实实在在的从4亿年前地层中发掘的化石证据。在美国俄亥俄州（伊利湖南岸）的古生代地层中发现一种最古老鲨鱼的化石，这条化石鲨鱼保存完好，就连肌肉纤维、肾脏都能看清，为研究者提供了宝贵材料。现代鲨鱼的口通常是横裂状的，而这条化石鲨鱼的口却是直裂状的，因此，它得名“裂口鲨”。这个特点十分引人注意。裂口鲨是现代鲨鱼的远古祖先，它的模样和当今的鲨类并无根本区别（图101）。

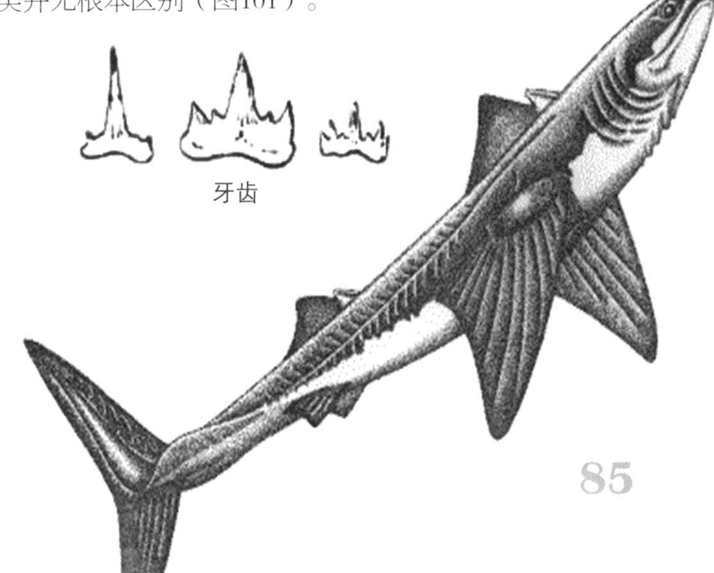

图101 化石裂口鲨体长2米，身体呈流线型，眼睛很大，有两个背鳍、一对胸鳍和一对腹鳍，尾形对称但尾骨已不对称，已经拥有一副令人生畏的尖牙利齿。

裂口鲨的形态结构，代表了大约4亿年前原始软骨鱼类的模式。距今约3亿年前，古鲨鱼成为当时地球上占优势的脊椎动物；距今约2亿年前出现新一代鲨鱼；到了1.4亿至6 000多万年前，地球上已经演化出现了现存鲨鱼的各主要类群；距今1亿年前，裂口鲨完全绝灭。

无论对化石种或现存种，牙齿在鲨鱼种类鉴别方面均有很重要的作用。迄今发现最多的鲨鱼化石是巨齿鲨的牙齿和部分脊椎骨。

巨齿鲨出现年代尚无确证，但可以肯定的是，它们灭绝于距今250万～200万年前。这种鲨类是其生存年代的海洋霸主，其最大化石牙齿的倾斜长度竟达19.4厘米，它被命名为“巨齿鲨”可以说是实至名归。

依据化石资料，巨齿鲨身体呈流线型，凶悍壮硕，牙齿十分巨大而且锋利，像牛排刀那样呈锯齿状，而且坏牙能够替换，长出一排排新牙。巨齿鲨能够猎食海中任何动物，是一台不折不扣的“食肉机器”，它们最喜欢捕食鲸类，能够很轻松就咬碎鲸鱼坚硬的头骨，其他海洋哺乳动物也都是它的美食（图102）。

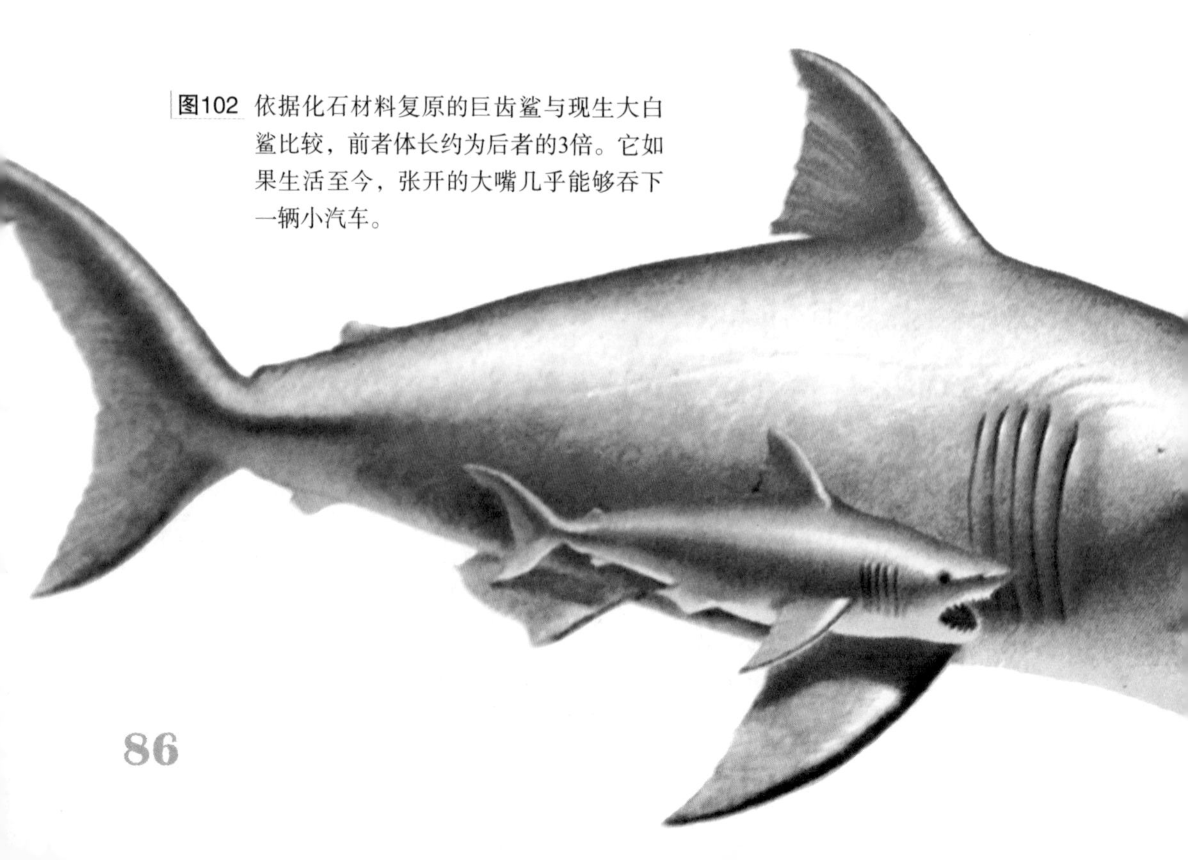

图102 依据化石材料复原的巨齿鲨与现生大白鲨比较，前者体长约为后者的3倍。它如果生活至今，张开的大嘴几乎能够吞下一辆小汽车。

图103　这套颌骨由182颗化石牙齿组成，高2.7米、宽3.4米，其中一些牙齿长度超过17.8厘米。由此测算得知，巨齿鲨具有无与伦比的体长和体重，它才是亘古以来真正的海洋之王。

尽管巨齿鲨体躯庞大，然而由于软骨组织很难成为化石，因此世界上至今还未发现一具完整的化石巨齿鲨。

著名化石收藏家维托·伯图西不畏艰难险阻，花费了大约20年工夫，在不同地点寻找发掘甚至潜水搜集巨齿鲨颌骨的碎片和化石牙齿，一点点重新组装在一起，构筑成一套世界上已知最巨大的鲨鱼的环形颌骨（图103）。具有如此巨大颌骨的鲨鱼，体长达到16米甚至更长，体重大约50吨，其牙齿的撕咬力量远远超过霸王龙。

图104 现代人想象的巨齿鲨捕食梅尔维尔鲸的场景，公认巨齿鲨为恐怖的远古怪物，也是曾经的海中王者。它所追逐、捕杀、吞食的梅尔维尔鲸，体长估计13至17米，口中也有锐利的牙齿。

图105 在巨齿鲨生活的年代，海洋中多种鲸类是它们主要的食物来源，只有大型猎物才能填饱巨齿鲨的胃肠。

现在的海中之王——大白鲨，和它远古祖先巨齿鲨相比，明显就是小巫见大巫，远古巨齿鲨才是地球上有史以来最可怕的食肉动物（图104、图105）。

据科学家推测，巨齿鲨灭绝的主要原因在于，大约150万年前地球的水环境出现了变化，鲸类因食物缺乏而大批灭绝，致使巨齿鲨找不到足够的肉食来源，因而也渐渐衰微直至完全灭绝。

37. 鲨鱼的近亲——鳐鱼

如果说各种鲨鱼是嫡亲兄弟，那么鳐鱼可以说是鲨鱼的堂兄弟。

为什么说鳐鱼是鲨鱼的近亲？首先，鳐鱼同鲨鱼亲缘关系密切，大约2亿年前，鳐鱼由古鲨鱼进化而来，最古老的鳐鱼外形与鲨鱼近似。不过，它们最主要的区别在于，鲨鱼体形多为纺锤形，而鳐鱼体形多为扁平形。可以说，鳐鱼是一类扁平的鲨鱼（图106）。

图106 鳐鱼胸鳍巨大，从头到尾沿身体两侧伸展成扁平的一片；尾巴细长；鼻子、嘴和鳃裂在身体腹面；眼睛和喷水孔在头顶背面。

大多数鳐鱼生活在海底，长期适应底栖生活，使得身体演变为扁平的形状。鲨鱼在水中游泳靠发达的尾鳍推进；而身体扁平的鳐鱼尾鳍退化。大多数鳐鱼游动时，胸鳍从前往后波浪形摆动，推动身体前进。有些种类的鳐鱼应用上述游动方法，也成了游泳健将。例如属于鳐鱼中刺魟类的牛鼻鲼，两侧尖尖的宽大胸鳍，像翅膀一样能上下扇动，看上去就仿佛在水里“飞翔”一般。通过控制左右鳍翅的扇动，牛鼻鲼还能任意改变运动方向（图107）。

图107 牛鼻鲼属于能在海洋中远程迁徙的大型鳐鱼。美国一名摄影师曾在墨西哥湾拍摄到几千只牛鼻鲼大群迁移游动的动人照片。

如同鲨鱼一样，鳐鱼的骨架也是由软骨组成；它们同样没有能充气的鱼鳔，如果停止游动，也会沉到水底；它们具有类似鲨鱼的鳃裂和呼吸方式；也有毛孔状电感器，可以帮助它们找到隐藏在海底的食物。可见鳐鱼和鲨鱼身体内部结构基本相似。

鳐鱼是个大家族，种类总共超过500种，包括鳐类、魟类、犁头鳐、电鳐、蝠鲼等几个分支。大多数种类的鳐鱼栖息于深度100米以内的浅海底。

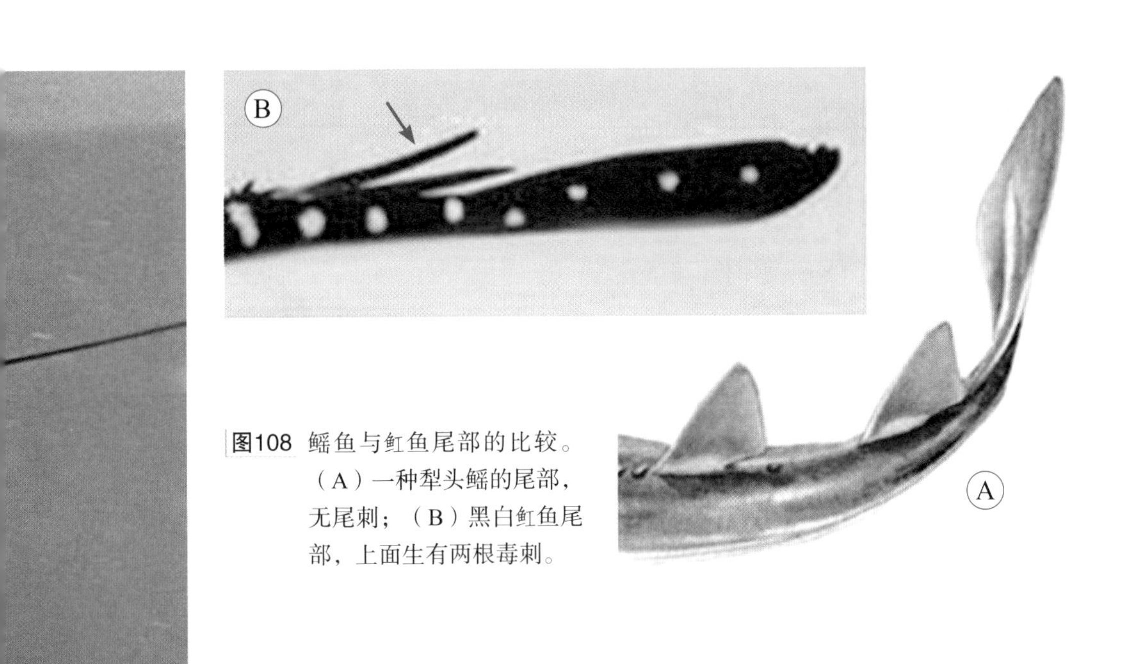

图108 鳐鱼与魟鱼尾部的比较。（A）一种犁头鳐的尾部，无尾刺；（B）黑白魟鱼尾部，上面生有两根毒刺。

鳐和魟是鳐鱼家族中的两个重要分支，根据外形特征就可以区分它们。鳐身体扁平宽大，两个小背鳍位于身体后部，尾部没有毒刺；魟类身体呈扁菱形或圆盘形，背鳍单个或无，尾细长如长鞭，尾部具有1～3根带锯齿的毒刺（图108）。

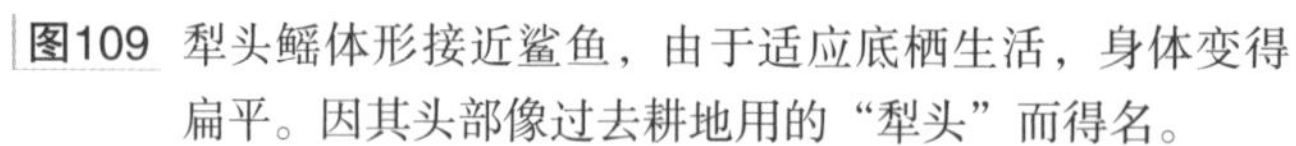

图109 犁头鳐体形接近鲨鱼，由于适应底栖生活，身体变得扁平。因其头部像过去耕地用的“犁头”而得名。

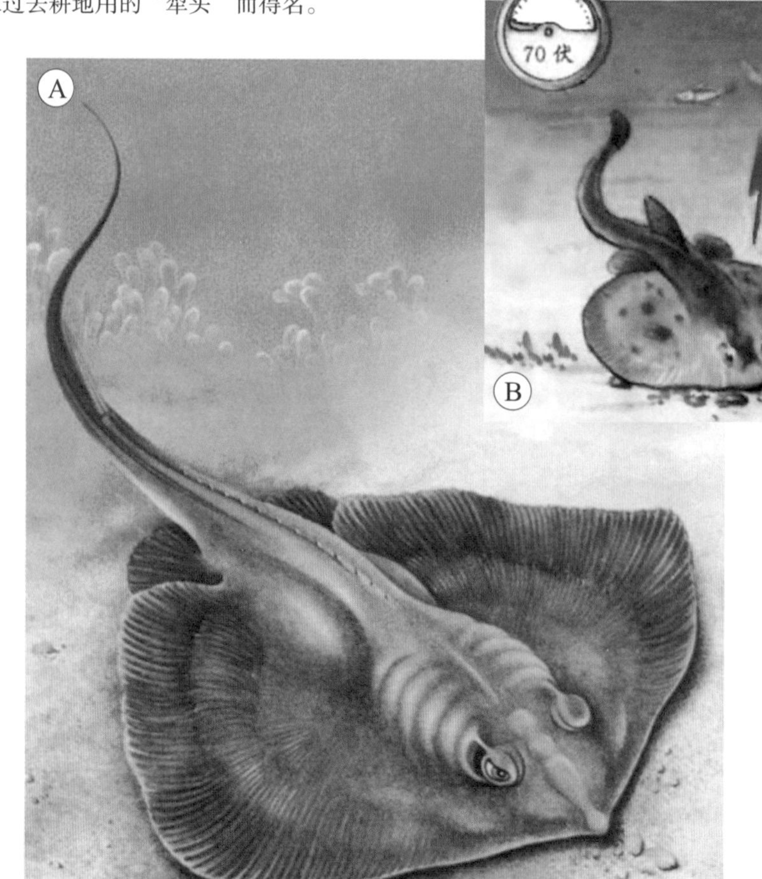

图110 （A）底栖生活的无鳍电鳐；（B）单鳍电鳐放电示意图。

在鳐类家族中，犁头鳐形状很特殊：身体前部扁平，胸鳍与头侧愈合，身体后部具有2个背鳍及明显的尾鳍，体形与鲨鱼近似。犁头鳐共约50种，生活于热带及亚热带温暖水域，喜栖浅海底（图109）。

电鳐是世界上著名的会发电的鱼，共有十几种，包括无鳍电鳐、单鳍电鳐、双鳍电鳐等，它们体内都有特殊的放电结构。电鳐放电主要用于获取猎物或保护自身。体长1米左右的电鳐，每次放电70～80伏；2米长的电鳐，放电电压可高达200伏（图110）。

电鳐放电能够击毙或击昏水中的鱼、虾、蟹等小动物，将其作为食物；当电鳐遇敌危急时，也用放电来击退对方，保护自己。电鳐连续放电后，鱼体显得精疲力尽，需休息一段时间后才能恢复过来，重新放电。

蝠鲼是鳐鱼家族中块头最大的成员，是全球知名的大型鳐鱼类（图111）。

蝠鲼出名不仅因为它的体形超级巨大，还因为它会高高地跃出水面。没人知

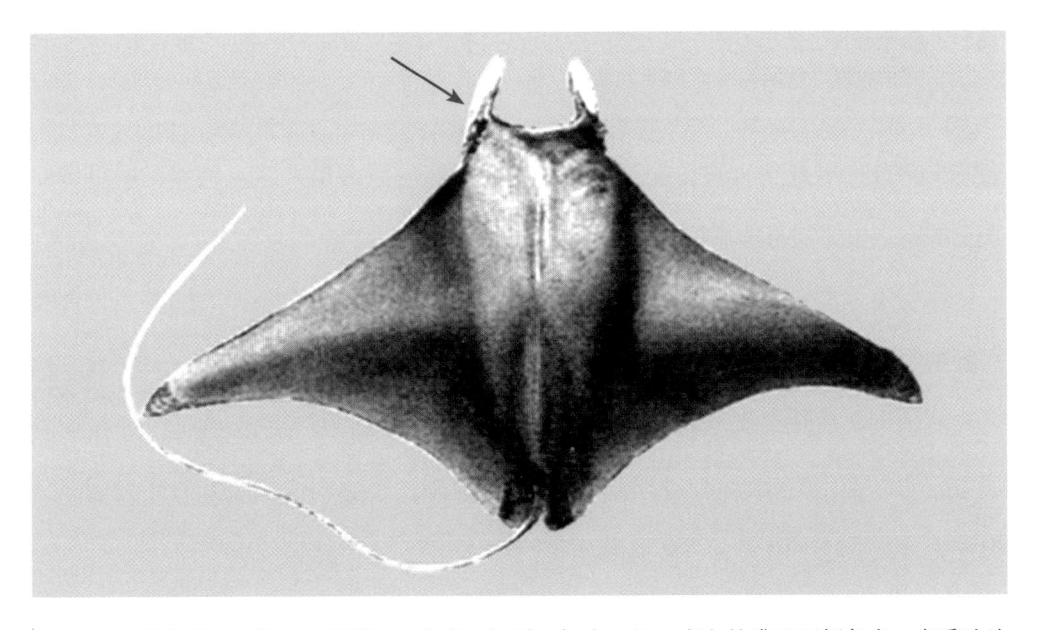

图111 这种蝠鲼一对胸鳍展开宽达6米多，如同一架小飞机。在它的嘴巴两侧各有一肉质叶片（箭头所指），那是胸鳍的延伸部分，用来往嘴里拨拢、汇集浮游生物。

图112 蝠鲼猛冲，跃出海面。最大蝠鲼体宽可达7米，体重接近3000千克，它能做出一种旋转式的跳跃，能跃离水面1.5米高。

道它们为什么要耗费大量体能这么做，推测可能的原因是，这么做能帮助甩掉皮肤上的寄生虫，让身体爽快舒坦一些（图112）。

体躯庞大的蝠鲼靠吃什么来生活？说来很有意思，体形巨大的蝠鲼，其食性和鲸鲨等大型滤食性鲨类一样，也靠滤食浮游生物为生。

其他大多数鳐鱼类沿着海底寻找食物，这很自然，因为它们的嘴巴长在脑袋下方，它们会用胸鳍将蛤、蚌等从泥沙中挖出来，还会用口中扁平的牙齿嚼碎贝类外壳，然后吐出硬壳、吞食贝肉。

在鳐鱼家族中，带有剧毒刺的刺魟类和能够放电的大型电鳐，有时会刻毒地刺人或电人一下。除此以外，鳐鱼家族这一支不会重伤人类。

五 保护鲨鱼，人鲨共存

38. 鲨鱼并非恐怖杀手

古往今来，鲨鱼会伤人，甚至吃过人，这是不争的事实。但我们不能因此认为鲨鱼是动物界中的“恐怖杀手”。

目前世界上约有鲨鱼400种，当中的27种会伤害人类，其中的7种可能致人死亡；另有12种可能会攻击人类；还有12种因体形和习性的关系，对人类具有一定的危险性。

在宽广的海洋中某些大型鲨鱼能够游得很远，一直游到靠近海岸的温暖水域，在这些地方人类和鲨鱼有相遇机会，有可能发生事故，这是真的。其实，鲨鱼不喜欢吃人，它们可能只是把人错当成它们喜欢吃的猎物。一个穿戴黑色装备的冲浪运动员，看起来有点像海狗或海狮，鲨鱼搞混了，因而可能误伤了人。鲨鱼偶然袭击人类的事故，经不断地口口相传，它们便被描绘成“海洋杀手”“海中虎狼”。有人甚至认为鲨鱼“嗜杀成性”，以致谈鲨色变。

人们惧怕鲨鱼，这还和美国导演斯皮尔博格拍摄的经典惊悚片《大白鲨》有关。自从1975年以来，这部影片在世界各地热播，很多人通过这部影视作品记住了大白鲨的“血盆大口”和狰狞面目：一排排锋利的尖牙，一脸令人颤栗的狞笑，鱼鳍切开水面，向人猛冲过来……四十多年来，影片中“大白鲨”的恐怖形象深入人心，影响着世人对鲨鱼的整体印象（图113）。

图113 与大白鲨同名的惊悚电影《大白鲨》在世界各地热播。影片中的特技处理镜头，足以让人误以为自然界中的大白鲨就是穷凶极恶、吃人成性的怪兽！

鲨鱼这样一类既潇洒又危险、既强悍又诡异的动物，在沿海居民中形成各种各样的传说是不足为奇的。

从各地发生的鲨鱼伤人事故的调查得知，最具攻击性、最凶猛、最常袭击人类的鲨鱼确实当数大白鲨、牛鲨和沙虎鲨。这多少符合“鲨鱼是恐怖杀手”的传统观念，如同《大白鲨》电影中所描绘，大白鲨似乎就是声名狼藉的“食人鲨”。

然而，近年来的研究表明，一般情况下，成年大白鲨以捕食大型海鱼及海豹、海狗、海獭等为生，袭击人往往是误将人当作猎物。曾经有大白鲨咬了人一口，发现与富含脂肪的海豹肉质不同，便放弃而吐掉。这说明大白鲨并不喜欢吃人。

有些专门研究鲨鱼的学者，当他们对大白鲨有了更深入的了解之后，正在不遗余力地呼吁为“食人鲨”“平反”。他们认为，包括大白鲨在内的那些巨大凶猛的鲨鱼并不是邪恶的怪兽，而是适应性很强的海洋掠食动物。它们伤害人，多数情况下是因为人类侵入或误入了它们的活动区域。要是人类不去招惹它们，大白鲨和人类也可以“井水不犯河水”地相安无事。

攻击性排名第二的牛鲨，又叫公牛鲨，它在海洋和淡水都能生活，喜栖于温暖的沿岸海域、珊瑚礁区、泥沙海底、河流入海口及湖泊，有更多机会与人类相遇。因此，这种鲨对人的威胁更大。在一些鲨鱼伤人和撞击船只的事件中，牛鲨肇事的记录甚至高于大白鲨。牛鲨的食性很杂，逮住什么就吞吃什么，在它们的胃里，曾发现牛、狗、人甚至河马的尸体，有时它连其他鲨鱼也吃（图114）。

图114 牛鲨因体躯壮硕、凶猛如同公牛而得名，人称“海洋之狼”。白眼球是牛鲨突出的特征之一。

图115 沙虎鲨有一口让被咬猎物无法脱逃的锥状尖牙，喜欢捕食鲱鱼、鲳鱼、真鲷、鲟鱼、鳗鲡和乌贼，整个将其吞下。

沙虎鲨外表凶猛，它和虎鲨不同类，属于锥齿鲨类，是生活在海岸附近的鲨鱼，也是唯一会在水面吞下及储存空气在胃内，以调控浮沉的一种鲨鱼，因此能够近乎静止地悬浮在水中。不过，它既能悬停水中或缓慢游动，也能强劲地快速游泳（图115）。

沙虎鲨平常并不表现有攻击性。一旦受到某种“刺激”或挑衅，便会以闪电般的速度进行攻击。由于对引起沙虎鲨发飙的“刺激”因素，人们有时并不自觉或难以察觉，所以在《国际鲨鱼攻击档案》中所列出的“无故攻击”人类的鲨类中，沙虎鲨名列前茅，与大白鲨同属极危险的海洋掠食动物。

虽然在大多数人看来，鲨鱼面貌狰狞、性情凶恶，但其实除了大白鲨、牛鲨、沙虎鲨、双髻鲨及大青鲨等少数种类以外，绝大多数鲨鱼对人类并无攻击性，上述几种鲨鱼偶尔有攻击人类的案例，大多也属误伤。

39. 人类是鲨鱼最可怕的敌人

在科技不发达的时代，由于认知不足和缺乏研究，人们对鲨鱼有诸多误解。早先的人鲨关系中，人类处于弱势，在遭遇鲨鱼攻击的地方，人们会千方百计诱捕肇事的鲨鱼。那时候，要捕到并杀死一条大鲨鱼，谈何容易！

在人类和鲨鱼打交道的过程中，人们逐渐认识到，鲨鱼全身是宝：肉可食用；皮可制革；骨可制胶；鱼鳍加工的“鱼翅”是美味菜品；肝可提取肝油、角烯酸等保健品，还可提取制作优质化妆品的原材料；鲨牙和骨可制作成价格不菲的工艺品（图116）。

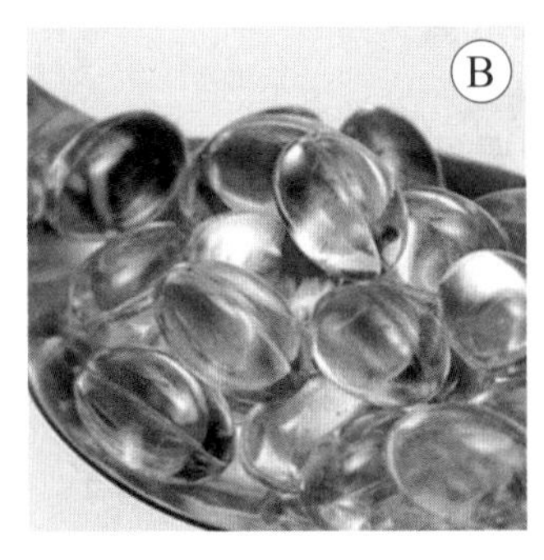

图116 鲨鱼的用途广泛，经济价值很高。（A）鲨鱼食品；（B）制鱼肝油；（C）药品原料；（D）鲨牙工艺品；（E）鲨角膜医用。

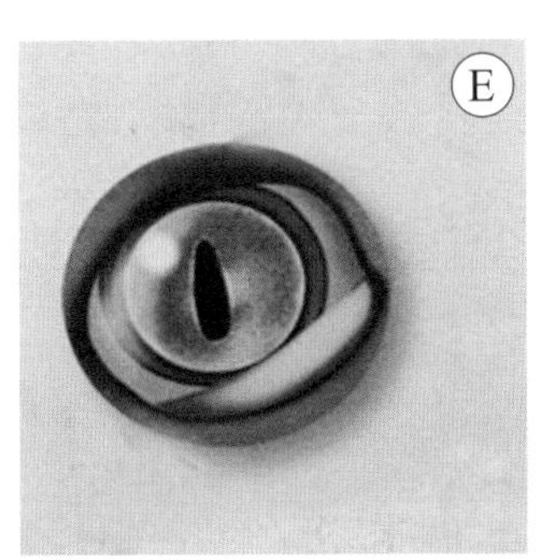

到了科技发达的年代，人类有了先进的捕鲨装备和技术，人鲨关系变了，不再是人怕鲨，而是鲨怕人，大多数鲨鱼见了人就立即躲开。这时候，人们捕杀鲨鱼，主要是掠夺鲨鱼身上宝贵的资源。

在最近的50多年，人类捕鲨活动愈演愈烈，包括商业捕鲨和休闲垂钓活动在内，每年被捕杀的鲨鱼多达几千万头至上亿头。在亚洲和澳洲等许多地方，鲨鱼被视为高级海产品和美食，人们大量食用鲨鱼，尤其是鱼翅（鲨鱼鳍），致使鲨鱼数量急剧减少，甚至濒临灭绝。

图117 （A）有的渔民捕得鲨鱼，就在船上割下鲨鳍，鱼体则丢弃海中。（B）晾晒的成堆鲨鱼鳍。据国际环保机构统计，全世界每年在鱼翅市场上交易的鱼翅取自4 000万条鲨鱼。

有些地方，人类捕杀鲨鱼只为获得价格昂贵的鱼翅，而把切去鱼鳍的鲨鱼扔回海里，伤残的鲨鱼无法游动，很快窒息而死，或被其他掠食动物杀死。这不仅是浪费，而且是对天赐资源的无度糟蹋和残忍毁灭。近年，国际上虽有不准杀鲨取鳍的禁令，但鱼翅在世界黑市交易中每磅售价高达300美元，在巨大利益的驱使下，偷猎者每年非法猎杀的鲨鱼仍然难以计数（图117）。

人类给鲨鱼带来的灾难，大大超过鲨鱼对人类的伤害。时至今日，无论多么凶猛的鲨鱼，都不是人类的对手。就连最厉害的大白鲨，也遭到大量捕杀，人们将它

图118 捕鲨者在海里布下的数千米的捕鲨网，使得大小鲨鱼包括海豚及其他海洋动物都难逃劫难。

们的上下颌连同牙齿割下来当作纪念品出售，在南非的售价每对高达2万美元。

几十年间，由于一些国家并未对鲨鱼捕捞和贸易制定严格的监管措施，大规模工业化捕捞使得鲨鱼数量急剧下降，现代化的大型捕捞设备使鲨鱼难逃被集体捕杀的厄运。对一个海区的鲨鱼来说，集体捕杀简直就是灭顶之灾（图118）。

不少种类鲨鱼的数量已经减少了90%。一些非法捕捞者甚至把渔网撒向了国际海洋保护区。还有，仅为了鱼翅而捕杀鲨鱼的现象至今仍时有发生，这是使鲨鱼走向灭绝的重要原因之一。

大白鲨在世界各地海洋均有分布，准确数量难以统计。澳大利亚科学家进行的调查表明：在20世纪60年代，大白鲨数量与其他鲨鱼数量的比例是1：22，到了20世纪80年代，比例变成1：651，大白鲨数量剧减了99.6%。由于乱捕滥杀，威名盖世的大白鲨目前已成为世界濒危物种。

巴西犁头鳐由于过度捕捞，早在1984～1994的10年中，数量已减少了96%，几乎灭绝，属于极危物种。研究显示，自20世纪80年代以来，美洲东海岸的虎鲨、牛鲨、黑鲨以及锤头鲨的数量已分别减少了90%～95%。许多过去常见的鲨鱼种类也已经被世界自然保护联盟列入易危等级（图119）。

种种实例说明，人类是鲨鱼生存的最大威胁。近年，世界自然保护联盟（IUCN）鲨鱼专门小组的专家称，由于人类的过度捕杀，已经有126种鲨鱼被列入了濒危物种目录，分别处于严重濒危、濒危或易危等级当中。

图119 惨，世界上游得最快、牙齿足够锐利的灰鲭鲨，也难逃被捕被杀的命运。

40. 世界不能没有鲨鱼

人们知道，鲨鱼全身是宝，具有宝贵的直接使用价值和市场价值。许多人不能真正地理解，鲨鱼提供的物质财富是可以替代的，但鲨鱼在生态系统中的地位和作用是无可取代的，它们是海洋水域中不可缺少的重要而关键的角色。

海洋生态系统的各个领域都生活有鲨鱼。几乎所有的珊瑚礁海域都大量分布有底栖鲨类，它们是浅海生态系统的重要组成部分；在开阔大洋和深海水域也生活有相应的鲨鱼类群；在温带海域、热带海域以及淡水水域也分布有不同种类、不同生态类型的鲨鱼（图120）。

图120 开阔大洋海域动物群的主要成员，其中，鲨和鳐是不可缺少的类群。

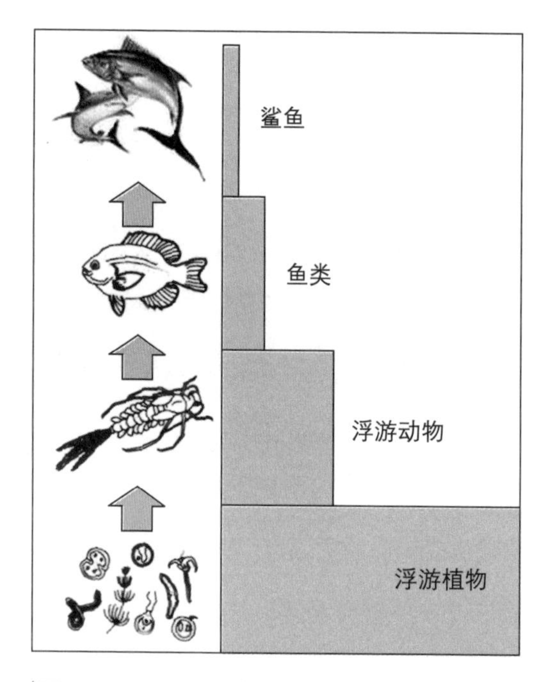

图121　鲨鱼居于食物链高位，它的数量直接影响下一级生物链的物种。如果没有鲨鱼的调控，某一特定生态群肯定会发生巨大变化。

虽然鲨鱼的物种数（424种）只占硬骨鱼类（25 000种）的1.7%，而且就生物量来说，所占比例可能不足1%，但鲨鱼是海洋各处的顶级捕食者，位于食物链顶端的鲨鱼如果绝种的话，将会给整个海洋生态系统乃至整个地球生物圈带来不可估量的恶果（图121）。

在过去的4亿年里，鲨鱼经历了生存环境的种种变迁及生物界的演变延续至今，仍旧保持着海洋霸主的地位，调控着海洋生态系统的平衡。作为海洋顶级掠食者的鲨鱼，是海洋生态平衡中举足轻重的因素，关系到次级、三级肉食动物的数量动态，在维护海洋食物链的稳定与平衡上鲨鱼功居榜首。鲨鱼调控大型捕食性鱼类的数量，海洋里才会有足够多的鱼、虾、蟹类供人类捕捞。鲨鱼捕食能够淘汰动物群体中的老弱病残个体，有助于维护整个生物群落的健康发展。

一旦成群的鲨鱼从某一海域消失，必然导致该区域生态关系的混乱，其严重后果很快便会显现出来。例如在澳大利亚南部的塔斯马尼亚海域，原本生存着数量可观的鲨鱼，在商业利益的驱使下，人们对鲨鱼大开杀戒。短短几年的时间，这里的鲨鱼几乎被赶尽杀绝，导致鲨鱼的猎物章鱼和乌贼在短时间内泛滥成灾，其数量远远压倒它们的猎物龙虾。龙虾数量的衰减，直接影响到当地重要的龙虾捕捞业，进而波及旅游业。结果使得号称全世界空气最好、海产品最鲜美的旅游胜地塔斯马尼亚，一下子人气大跌。

更严重的是，一旦鲨类灭绝，将导致以浮游生物为生的动物数量的激增，反过来，各种浮游植物由于被过量消费而剧减，这将可能使地球上氧气的来源减少。因此，鲨鱼的灭绝极有可能毁坏世界海洋的生态环境，这是人类所不愿见到的情景。

41. 研究鲨鱼，了解鲨鱼

时至今日，科学家们越来越认识到鲨鱼的重要性，为了更好地保护鲨鱼，首先必须了解鲨鱼；而只有研究鲨鱼，才能更多地了解鲨鱼。对身形庞大而且生活在广袤大海里的鲨鱼进行研究，可不是容易上手的事情。

以往人们对鲨鱼的了解，部分来自水族馆里的观察研究，部分来自对死亡或被捕鲨鱼的解剖。随后，人们应用新的科技手段，越来越多地研究野生鲨鱼。研究人员借助水下呼吸器或者钢制防鲨笼，敢于下海近距离观察鲨鱼（图122）。

图122 潜水员置身钢制防鲨笼中深入水下，水面考察船上的助手向防鲨笼投放诱饵，以引诱鲨鱼游近。图示潜水员通过防鲨笼观察、拍摄大洋白鳍鲨的情景。

图123 美国迈阿密大学鲨鱼研究实验室研究人员活捕到一条接近6米长的大鲨鱼。通过与这种巨大双髻鲨的亲密接触，研究捉放法对于海洋生物的影响。

有些研究者应用鱼饵诱捕鲨鱼，并通过升降装置将活鲨吊到考察船上，迅速采得鲨鱼的血液样本，测量各种数据，然后将其放归大海。据此得以深入研究鲨鱼的形态结构、生理特征、生殖及寿命等（图123、图124）。

图124 研究人员从活捕到的鲨鱼的尾静脉取得血液样本，进行生化检测。

借助先进的科技新方法，国际上一些大学和海洋动物研究机构的专家联合制订研究项目，共同致力于对鲨鱼行为生态、捕食习性、迁徙路线、繁殖方式等多方面的动态研究。例如，近年美国学者在佛罗里达建立鲨鱼研究实验室，并和澳大利亚海洋鱼类研究人员合作，活捕并在凶猛的大白鲨背鳍上安置电子标签跟踪装置。每隔一段时间，当大白鲨游到水面时，它的位置信息便会传送到人造卫星，研究人员再通过电脑接收信息。这是人类能够长时间准确追踪大白鲨的成功实验。随后，这类实验在迁徙性的双髻鲨等鲨类身上也成功地进行（图125）。项目成果对了解鲨鱼和保护鲨鱼具有十分重要的意义。

图125 受试双髻鲨带着一个定制的卫星标签游走了。这是研究海洋动物在茫茫大海里迁移及活动情况的科学方法。

图126 澳大利亚渔船捕获的一条巨大姥鲨。

2015年6月23日，澳大利亚一艘捕鱼船在巴斯海峡附近意外捕获一条长达6.5米、重约3.5吨的姥鲨（图126）。据报道称，船长詹姆斯把这条姥鲨捐给了墨尔本市的维多利亚博物馆，这给科学家提供了一个详细研究此类鲨鱼的极难得的机会。该博物馆借助先进的3D扫描和打印技术将其复制下来，使这条姥鲨的研究价值提升到更高更现代化的水平。

许多科学家呼吁：鲨鱼身上令人刮目相看的特征实在太多，如果我们在无知的情势下，尚未探究明白其谜一般的生理和生态奥秘就将其灭绝，尤其为了赚取钱财而将鲨鱼赶尽杀绝，那简直就是对地球资源的犯罪。

42. 保护鲨鱼，从我做起

近年来，由于人类无序“开发”海洋、水域污染和过度捕捞等经济活动，许多地方鲨鱼家族的生存和延续受到严重威胁。即使鲨鱼有顽强的生存能力，也无法抵御这种前所未有的残酷现实。

可能有人会错误地认为，生物生生不息，鲨鱼数量减少，不久就能恢复。人们必须知道的是，比起硬骨鱼，各种鲨鱼的繁殖速度都很慢，有些种类雌鲨每年最多产下2条小鲨鱼。幼鲨发育缓慢，成熟期长，要生长多年才能成熟和交配。鲨鱼习性凶暴，人工繁殖难以成功。鲨鱼被捕杀的速度已经远远超出其繁殖的速度。因此，种群剧减的鲨鱼不可能在短时间内恢复原有的数量，如果种群极度衰微到一定程度，最终必定灭绝。等到人们意识到鲨鱼即将从地球上消失时，再来保护那就晚了，那时鲨鱼家族将无可挽回地趋于绝境！

为了保护鲨鱼资源，20世纪末期，有些沿海国家已经开始对鲨鱼的捕捞加以限制，国际间的合作也在开展，鲨鱼需要保护终于逐渐成为共识。1991年，南非成为世界上第一个立法保护大白鲨的国家；1994年以来，美国一些州也相继制定并通过保护包括大白鲨在内的鲨鱼的法规，美国前总统克林顿为此还专门签署禁割鲨鱼鳍法案；2002年，欧盟委员会公布并实施鲨鱼捕捞许可证制度；2015年，中国国家博物馆首次举办保护鲨鱼的艺术巡回展，聚焦于拯救鲨鱼与保护海洋的主题。

欧盟渔业委员会郑重呼吁：行动起来，结束对多种鲨鱼资源造成严重危害的行为！一些沿海国家及有关机构，加强宣传保护鲨鱼的重要性，指出人人都可以协助保护鲨鱼，例如拒绝购买鲨鱼制品，不到提供鱼翅食物的餐馆就餐等。

众多研究者为了提高全民的鲨鱼保护意识，让民众知道世界不能没有鲨鱼，不畏狂风巨浪，冒着巨大风险，一次次与鲨鱼共游，展现人鲨和平共处的真实场景。

在众多有识之士当中，著名海洋生物保护组织AfriOceans的创立者，享有“鲨鱼战士”美誉的南非女子莱斯利·罗沙（Lesley Rochat），在巴哈马海域与传说特别凶暴的虎鲨同游的惊人壮举，吸引了全世界的眼球！

在她与虎鲨同游的过程中，与鲨鱼相距近在咫尺，有时她还伸出手去碰触鲨鱼，向人们展示虎鲨与人类可以和平共处（图127）。她呼吁人们减少在海里放置保护游

图127 莱斯利·罗沙与虎鲨同游。

图128 尤珍妮· 克拉克1980年在日本骏河湾检测深水鲨鱼。

泳者的鲨鱼网，因为这些网既妨害生态旅游业，也威胁到海洋动物的生命安全。鲨鱼被网住可能致死，海豚、海龟和其他鱼类若被网住也有可能导致死亡。

赢得国际声誉的美国海洋生物学家——尤珍妮·克拉克（Eugenie Clark），一生致力于研究鲨鱼、保护鲨鱼，人称“鲨鱼女士”。她是最先使用水中呼吸装置开展水下科学研究的人，她曾利用潜水器完成了70余次深海潜水研究鲨鱼的艰巨任务（图128）。

她长期坚持不懈地工作（图129），帮助人们消除对鲨鱼的恐惧，特别在1975年惊悚电影《大白鲨》上映之后，她有针对性地在国家地理杂志上发表了命题文章《鲨鱼：被误解的杰出物种》。她还是新型有效驱鲨剂（生活在红海的一种比目鱼的分泌物）的发现者；她还曾潜入墨西哥尤卡坦半岛附近的深水洞穴寻找悬浮于水中的“睡鲨”。长期以来科学家认为鲨鱼必须不断运动以维持呼吸，她的发现颠覆了此前的片面认知。尤珍妮·克拉克对鲨鱼的研究和保护的贡献

图129 尤珍妮· 克拉克1992年在实验室检测一头幼鲸鲨。

无与伦比，令人敬佩。而她最大的贡献还在于“将探索海洋以及保护海洋物种的重要性很好地传递给了公众”。

事实证明，经历了4亿年进化史的鲨鱼家族，和人类是可以同处共存的。不过，人们必须了解鲨鱼的秉性特征，科学地对待鲨鱼，只要人类不招惹鲨鱼，防止和避免遭遇鲨鱼的袭击是能够做到的。

有经验的渔民和海洋工作者归纳出以下防鲨避鲨要点，可供参考：①大鲨鱼一般不会游过很宽的浅水区来伤人，尽量避免到深水区游泳，避开渔民捕鱼海区，那里有大量鱼饵会吸引来鲨鱼；②身体有伤出血，必须立即离水上岸；③游泳、潜水或冲浪要有同伴，以便互相关照；④海中游泳不要戴闪闪发光的饰物，不要随便接触其他小动物，以免给鲨鱼造成视觉或听觉刺激；⑤捕获活鲨鱼存放在渔船上后仍要警惕，离水很长时间的鲨鱼仍然可能伤人；⑥避免在傍晚或黑夜下海，这时正是鲨鱼出来捕食的时间；⑦无论鲨鱼有多小，或者看上去有多温顺，也千万不要故意骚扰它；⑧如果遭遇鲨鱼，不要慌张，最好静止不动，让鲨鱼从你身边游过，再伺机尽快离开现场。

鲨鱼属于海洋，它们是海洋的宠儿，也是自然界中最潇洒、最完善的生物类群之一。现在鲨鱼面临危机，当务之急，捕鲨国家应建立和实施鲨鱼管理计划，保证永续的鲨鱼渔业。我们应当遵从人与自然和谐发展的理念，切实保护鲨鱼，实现人鲨共存共荣。

参考资料

鲍勃·布劳顿. 揭开鲨鱼的秘密[J]. 志成，译. 2012（20）：24-25.

彬彬. 鲨鱼的七个秘密[J]. 今日科苑，2011（6）：147.

曹玉茹. 海洋鱼类的趣闻轶事[M]. 北京：海洋出版社，2001.

成春到. 大鲨鱼的小克星[J]. 海洋世界，2002（3）：18.

船舷. 鲨鱼真的会早于大熊猫灭绝吗[J]. 自然与科技，2014（1）：36-38.

舒尔茨. 地球的生态带[M]. 林育真，译. 北京：高等教育出版社，2010.

弗朗奇斯卡·弗斯特. 向动物学习[M]. 林育真，译. 济南：山东教育出版社，2013.

米兰达·麦克基蒂. 鲨鱼与其他可怕的海洋生物[M]. 吴南松，译. 南昌：21世纪出版社，2003.

方陵生. 鲨鱼大揭秘[J]. 大自然探索，2010（11）：32-49.

范志勇. 关注鲨鱼[J]. 大自然，2004（05）.

宫乃斌. 鲨鱼的前世今生[J]. 百科知识，2008（11）：27-29.

郭豫斌. 鲨鱼·鲸·海豚彩图版[M]. 北京：东方出版社，2013.

贾建兵，朱志红. “海中霸王”——鲨鱼[J]. 海洋世界，1999（4）：34-36.

林育真. 动物生态学浅说[M]. 济南：山东科学技术出版社，1982.

林育真，赵彦修. 生态与生物多样性[M]. 济南：山东科学技术出版社，2013.

林育真，付荣恕. 生态学（第2版）[M]. 北京：科学出版社，2011.

李有观. 海洋霸王——鲨鱼[J]. 野生动物，2002（3）：42-43.

沈国英. 海洋生态学（第3版）[M]. 北京：科学出版社，2010.

毛斐. 解剖鲨鱼[J]. 大自然探索，2003（10）：42-45.

王建华，张恩迪. 救救鲨鱼[M]. 上海：上海科技教育出版社，2007.

一凡. 海中霸王——鲨鱼[J]. 科学大众，2004（3）：22-25.

张法忠，韩晓弟，陈丽华. 漫谈鲨鱼[J]. 生物学通报，2003，38（2）：13-15.

张清榕，杨圣云. 中国软骨鱼类种类、地理分布及资源[J]. 厦门大学学报（自然科学版），2005，44（6）: 207-211.

中国科学院海洋研究所，上海自然博物馆. 中国海洋鱼类原色图集[M]. 上海：上海人民出版社，1975.

张世义，伍玉明. 鲨鱼[J]. 生物学通报，2006，41（9）：20-21.

张唯诚. 鲨鱼，一种都不能少[J]. 海洋世界，2012（8）：46-49.

祝茜. 海洋珍稀动物[M]. 北京：化学工业出版社，2003.

朱江峰，戴小杰. 中国鲨鱼资源生物学研究现状与保护对策[J]. 生物学通报，2007，42（5）：19-20.